跟着电网企业劳模学 系列培

U0158839

高压断路器试验

国网浙江省电力有限公司　组编

中国电力出版社
CHINA ELECTRIC POWER PRESS

内 容 提 要

本书是"跟着电网企业劳模学系列培训教材"之《高压断路器试验》，采用"项目—任务"结构进行编写，以任务描述、技能要领、典型案例三个层次进行编排，包括断路器试验、常用仪器使用及注意事项、敞开式断路器试验、气体绝缘金属封闭开关试验、开关柜内断路器试验五个模块。

本书可满足现场岗位培训、劳模跨区培训及技能培训的综合要求，既可供变电设备技能人员学习及培训使用，也可供其他相关专业人员学习参考。

图书在版编目（CIP）数据

高压断路器试验 / 国网浙江省电力有限公司组编 . -- 北京：中国电力出版社，2022.7
跟着电网企业劳模学系列培训教材

ISBN 978-7-5198-6810-9

Ⅰ . ①高… Ⅱ . ①国… Ⅲ . ①高压断路器－试验－技术培训－教材 Ⅳ . ① TM561.06

中国版本图书馆 CIP 数据核字（2022）第 093377 号

出版发行：中国电力出版社
地　　址：北京市东城区北京站西街 19 号（邮政编码 100005）
网　　址：http://www.cepp.sgcc.com.cn
责任编辑：刘丽平　张冉昕
责任校对：黄　蓓　朱丽芳
装帧设计：张俊霞　赵姗姗
责任印制：石　雷

印　　刷：三河市万龙印装有限公司
版　　次：2022 年 7 月第一版
印　　次：2022 年 7 月第一次印刷
开　　本：710 毫米 ×1000 毫米　16 开本
印　　张：8.75
字　　数：123 千字
印　　数：0001—1000 册
定　　价：42.00 元

丛书序

　　国网浙江省电力有限公司在国家电网有限公司领导下，以努力超越、追求卓越的企业精神，在建设具有卓越竞争力的世界一流能源互联网企业的征途上砥砺前行。建设一支爱岗敬业、精益专注、创新奉献的员工队伍是实现企业发展目标、践行"人民电业为人民"企业宗旨的必然要求和有力支撑。

　　国网浙江省电力有限公司为充分发挥公司系统各级劳模在培训方面的示范引领作用，基于劳模工作室和劳模创新团队，设立劳模培训工作站，对全公司的优秀青年骨干进行培训。通过严格管理和不断创新发展，劳模培训取得了丰硕成果，成为国网浙江省电力有限公司培训的一块品牌。劳模工作室成为传播劳模文化、传承劳模精神，培养电力工匠的主阵地。

　　为了更好地发扬劳模精神，打造精益求精的工匠品质，国网浙江省电力有限公司将多年劳模培训积累的经验、成果和绝活，进行提炼总结，编制了《跟着电网企业劳模学系列培训教材》。该丛书的出版，将对劳模培训起到规范和促进作用，以期加强员工操作技能培训和提升供电服务水平，树立企业良好的社会形象。丛书主要体现了以下特点：

　　一是专业涵盖全，内容精尖。丛书定位为劳模培训教材，涵盖规划、调度、运检、营销等专业，面向具有一定专业基础的业务骨干人员，内容力求精练、前沿，通过本教材的学习可以迅速提升员工技能水平。

　　二是图文并茂，创新展现方式。丛书图文并茂，以图说为主，结合典型案例，将专业知识穿插在案例分析过程中，深入浅出，生动易学。除传统图文外，创新采用二维码链接相关操作视频或动画，激发读者的阅读兴趣，以达到实际、实用、实效的目的。

　　三是展示劳模绝活，传承劳模精神。"一名劳模就是一本教科书"，丛书对劳模事迹、绝活进行了介绍，使其成为劳模精神传承、工匠精神传播的载体和平台，鼓励广大员工向劳模学习，人人争做劳模。

丛书既可作为劳模培训教材，也可作为新员工强化培训教材或电网企业员工自学教材。由于编者水平所限，不到之处在所难免，欢迎广大读者批评指正！

最后向付出辛勤劳动的编写人员表示衷心的感谢！

丛书编委会

前　言

　　本书的出版旨在传承电力劳模"吃苦耐劳、敢于拼搏、用于争先、善于创新"的工匠精神，满足一线员工跨区培训的需求，从而达到培养高素质技能人才队伍的目的。

　　本书在知识内容方面，主要依据《11—055 职业技能鉴定指导书　变电检修（第二版）》和《国家电网公司生产技能人员职业能力培训规范》，以提升岗位能力为主，结合近年来相应的新技术、新方法，同时汇集断路器运行过程中具有普遍代表性的案例内容。

　　本书在编写结构方面，主要采用"项目—任务"结构进行编写，以任务描述、技能要点、典型案例三个层次进行编排，包括断路器试验、常用仪器使用及注意事项、敞开式断路器试验、气体绝缘金属封闭开关试验、开关柜内断路器试验五个项目。本书架构合理，逻辑严谨，尤其在技能要领中，采用图文并茂的方式解说专业技能，深入剖析原因，具有系统的结构知识体系。

　　本书在编写过程中得到国网技术学院、省内相关电力培训单位、检修单位及徐华、李宏博、周迅、曹力力、吴胥阳等专家的大力支持和帮助。在此谨向参与本书审稿、业务指导的各位领导、专家和有关单位表示衷心的感谢。

　　限于时间仓促及编者水平，书中难免存在疏漏之处，请广大读者批评指正。

目　录

坚守一线 执着奉献

——记国家电网有限公司工匠曹辉

曹辉

男，1978年10月出生，中共党员，高级工程师，曾获全国劳动模范、浙江工匠、国网工匠、"温州好人"、浙江省首席技师、全国电力行业技术能手等荣誉称号。曹辉扎根电网设备生产检修一线，诠释了执着而卓绝的"工匠精神"。他以勤奋踏实、勇于创新的精神频获好评。

爱岗敬业，是专业技术的排头兵。曹辉从一个检修工成长为全国劳模、浙江工匠。对所辖的230多座变电站的设备和缺陷了然于胸，先后完成重大保电任务90余次，消除设备缺陷3000余项。以他名字命名的工作室是浙江省级职工高级技能人才创新工作室。

潜心钻研，是攻坚克难的创新人。曹辉喜欢琢磨工作细节，研究新点子，先后成功解决各类生产技术难题59项，获得发明专利4项，实用新型专利14项，出版专著及教材4本，获奖成果14项，在历年的技能竞赛中获奖11项。

倾囊相授，是传道授业的引路人。曹辉传教授业于国网技术学院、温州职业技术学院、温州技师学院等，获得优秀兼职培训师称号，先后培育出2名国网优秀人才、5名优秀人才后备、12名温州市及以上技术能手、5名技能竞赛冠军。

勇于担当，是社会责任的践行者。曹辉热心助人，利用专业上优势长期帮助鹿城消防大队、温州晚报开展电工实验室，协助科技馆维修科普设备。2017 年，他远赴西藏那曲参与电网建设帮扶工作，完成攻坚任务，为藏区送去光明。无论是抗台抢险、应急救援还是企事业单位的技术服务现场，他主动作为，积极投身于社会公益事业，用执著和热情义无反顾履行社会责任。他本人荣获"温州好人"称号，其家庭获评"和美家庭"。

项目一

断路器试验

【项目描述】

本项目包含断路器回路电阻试验，断路器分、合闸线圈直流电阻试验，断路器分、合闸时间和速度试验，断路器最低动作电压试验，断路器绝缘电阻试验和断路器交流耐压试验等内容。通过对定义及相关术语解释、试验目的概述和试验原理分析等，使读者熟悉各项试验目的，掌握试验原理。

任务一　断路器回路电阻试验

【任务描述】

断路器的回路电阻由导体电阻和开关触头之间的接触电阻组成，回路电阻增大，可能会使断路器在通过正常工作电流时产生不被允许的发热，并影响通过短路电流时断路器的开断性能。断路器在合闸状态下，采用直流压降法能够较为准确地测试回路电阻。

【技能要领】

一、断路器回路电阻定义

断路器回路电阻是指断路器导电回路上的电阻，包括导电回路上的导体电阻和断路器动、静触头间的接触电阻。高压断路器的导电回路电阻主要取决于断路器动、静触头间的接触电阻。

二、断路器回路电阻试验目的

为检查断路器开关触头之间的接触情况是否良好，开关触头之间的接触电阻是否符合要求，需要对断路器进行回路电阻试验。若断路器接触电阻增大，将会使接触面在正常工作电流下产生过热现象。尤其当通过故障短路电流时，可能造成动、静触头接触面进一步发热，严重时可能烧伤周围的绝缘并造成接触头的烧熔粘结，从而影响断路器的跳闸时间和开断能力，甚至引发拒动。

三、断路器回路电阻试验原理

本任务介绍检修工作中常用的回路电阻试验方法——直流压降法的试验原理。将断路器处于合闸状态，在被测回路上施加直流电流，采集被测回路的电流和电压，则电压与电流的比值即为被测回路的回路电阻值，试验电路原理图如图 1-1 所示。

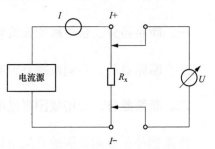

图 1-1 中，R_x 表示被测断路器导电回路电阻；I 表示所施加的试验电流；U 表示断路器导电回路上的压降。

图 1-1　导电回路电阻测试原理图

导电回路电阻值为：

$$R_x = \frac{U}{I}$$

导电回路电阻值的试验数据规程要求：不超过制造商规定值（注意值）。

四、注意事项

（1）使用直流压降法测量时，测量电流不小于 100A（1000kV 回路电阻测试时，电流不应小于 300A）。在合闸状态下测量进出线之间的主回路电阻。

（2）测量时，电压线接断口的触头端，电流线接电压线的外侧，并应接触良好。

（3）通常在分、合闸数次后进行测量，以消除表面氧化膜的影响。

（4）电压线端子不应通过电流。

任务二　断路器分、合闸线圈直流电阻试验

≫【任务描述】

断路器分、合闸线圈直流电阻是评价分、合闸线圈状态是否良好的重

要指标，在检修现场通常使用万用表直流电阻测试功能进行分、合闸线圈直流电阻测试。

》【技能要领】

一、断路器分、合闸线圈直流电阻试验目的

检查断路器分、合闸线圈是否有断线、匝间短路或接触不良等缺陷。

二、断路器分、合闸线圈直流电阻试验原理

断路器分、合闸线圈的直流电阻值通常为欧姆级，采用万用表直流电阻测试功能进行测试，将万用表两极分别与线圈两端可靠接触，即可准确测出分、合闸线圈的直流电阻值。

三、断路器分、合闸线圈直流电阻试验数据要求

检测结果应符合设备技术文件要求，没有明确要求时，线圈电阻初值差应不超过 5%。

任务三　断路器分、合闸时间及速度试验

》【任务描述】

断路器的分、合闸时间、同期和速度是影响断路器工作性能的重要特性参数。本任务介绍普通金属触头断路器、双端接地断路器和石墨触头断路器的分、合闸时间试验方法以及断路器速度试验的相关内容。

》【技能要领】

一、术语解释

分闸时间：从接通分闸回路起至触头刚分离的时间。

合闸时间：从接通合闸回路起至触头刚接触的时间。

同相同期：同相断口之中，分、合闸时间的最大值与最小值差。

相间同期：三相断口之中，分、合闸时间的最大值与最小值差。

刚分速度：动、静触头分离后 10ms 内的平均速度。

刚合速度：动、静触头闭合前 10ms 内的平均速度。

分、合闸最大速度：触头分、合闸行程中的最大速度。

二、断路器分、合闸时间和速度试验目的

（1）测试断路器的动作时间和同期是否满足制造厂的技术要求。

（2）测试断路器分、合闸速度是否满足制造厂的技术要求。

（3）检查断路器安装和大修后断路器操作机构的调整是否适当，动作过程有无卡涩现象，是否符合制造厂的技术要求。

三、断路器分、合闸时间不同期的危害

分、合闸时间及同期差是正确调整继电保护装置的可靠依据。因此，测量断路器分、合闸时间及同期差对保证安全运行有极其重要的意义。

（1）高压断路器分、合闸的严重不同期，将造成线路或变压器的非全相接入或切断，产生过电压。

（2）高压断路器同期不合格，在断路器操作时，在中性点接地系统中可能出现零序电流，使零序保护误动。

（3）高压断路器分、合闸不同期造成不接地系统两相运行，使负载电流增大造成设备的发热烧毁。

四、断路器分、合闸速度不合格的危害

断路器的分、合速度是影响断路器工作性能的重要特性参数，分、合速度不合格将影响断路器分断电流的能力和系统的安全，其危害主要有：

（1）断路器分闸速度过低，不能快速切断故障，使断路器电弧燃烧时间增长，使断路器内部压力增大，轻者烧坏触头，使断路器不能正常工作，

严重者会引起断路器灭弧室爆炸。

（2）断路器分闸速度过低，会加长灭弧时间，切除故障时会导致加重设备损坏并影响电力系统的稳定。

（3）断路器分闸速度过低，易造成越级跳闸，扩大停电范围。

（4）断路器合闸速度低，当断路器合于短路故障时，不能克服触头关合电动力的作用，引起触头振动或停滞，与断路器慢分引起的后果是相同的。

（5）断路器合闸速度过高，会引起弹跳增大，弹跳过大，动、静触头间反复碰撞，会引起燃弧，同时也加剧了触头的磨损。

（6）断路器的分、合闸速度过高，将使操动机构和有关部件超过所能承受的机械力，造成零部件损坏，缩短断路器使用寿命。

五、断路器分、合闸时间和速度试验方法

1. 普通金属触头断路器动作时间试验

当分、合闸回路出现通电信号时，对断路器断口信号进行采样、计时，一旦检测到断口信号状态发生改变，即停止计时，为断口的分、合闸时间，金属触头断路器动作时间试验原理图如图 1-2 所示。

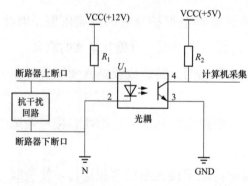

图 1-2　金属触头断路器动作时间试验原理图

三相三断口断路器进行动作时间试验时，断路器一端接地，在另一端取断口状态信号进行测试，不可使断路器两端都接地，否则无法完成测试。

2. 双端接地断路器动作时间试验

在一些气体绝缘金属封闭组合的电气设备中，隔离开关和接地开关设计为联动机构，采用传统的断路器测试仪将很难进行断路器分、合闸时间测量，可采用双端接地测试方法进行断路器机械特性测试，双端接地断路器动作时间试验原理图如图 1-3 所示。

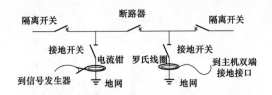

图 1-3 双端接地断路器动作时间试验原理图

将电流钳夹在断路器两侧的接地点上，罗氏线圈夹在断路器另一侧的接地点上，信号发生器连接电流钳，通过电流钳输入高频信号。如果断路器在合闸位置，对侧罗氏线圈将收到较强的信号；如果断路器在分闸位置，对侧罗氏线圈将收到较弱的信号。通过罗氏线圈收到的信号强弱来分辨断路器的分、合闸状态，从而测试断路器的分、合闸时间。

3. 石墨触头断路器动作时间试验

石墨触头断路器的灭弧触头为非纯金属结构，其灭弧部分为半导体石墨材料，断路器分、合闸动作时，电弧主要由石墨部分来熄灭，以达到保护动、静触头金属部分的目的。在断路器分、合闸过程中，其金属导流桥和石墨触头的接触电阻值不是恒定的，故传统的由计算机电信号直接检测断口通断的测试方法无法准确完成。

在石墨触头断路器每相断口上施加恒定电流，在断路器分、合闸过程中，断口石墨触头接触电阻动态变化，测量断路器两端的电压，根据电压两端动态变化曲线，判别动、静触头的刚分、刚合点，从而得到石墨触头分、合闸的时间。

石墨触头断路器动作时间试验原理图如图 1-4 所示。

4. 断路器分、合闸速度试验

在断路器分、合闸机构上安装行程传感器，测出断路器动触头运动的时间-行程曲线，依据分、合闸速度的定义，在曲线上取出速度取样段，即可算出对应的分、合闸速度值，分、合闸速度为取样段内的行程与时间的比值。

以合闸速度试验为例进行说明，图 1-5 为断路器的合闸时间-行程曲线图。刚合速度 V 为动、静触头闭合前 10ms 内的平均速度，其计算公式为：

$$V = \frac{\Delta S}{\Delta T}$$

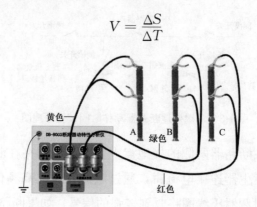

图 1-4　石墨触头断路器动作时间试验原理图

式中：ΔS 为刚合前 10ms 的行程差值；ΔT 为刚合前时间差值 10ms。

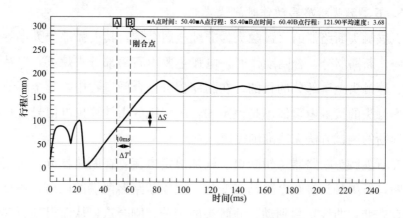

图 1-5　断路器合闸时间-行程曲线图

本任务介绍的断路器特性测试仪通常配置 2 种传感器：一种是旋转传感器，另一种是直线传感器。使用旋转传感器时，应将旋转传感器接在断路器机构联动轴上；使用直线传感器时，应将直线传感器接在断路器动触头上。

直线传感器安装原理图如图 1-6 所示。

旋转传感器安装原理图如图 1-7 所示，旋转传感器现场安装图如图 1-8 所示。

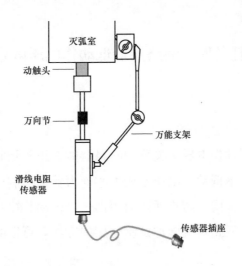

图 1-6 断路器速度测试直线传感器安装原理图

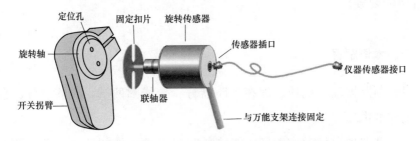

图 1-7 断路器速度测试旋转传感器安装原理图

图 1-8 断路器速度测试旋转传感器现场安装图

任务四　断路器最低动作电压试验

》【任务描述】

　　分、合闸线圈动作电压是关系到断路器能否正常运行的重要数据。为防止断路器误动，最低动作电压不能太小；为保证控制电源电压波动时断路器能可靠地分、合闸，防止断路器拒动，最低动作电压不能太高。通过在断路器分、合闸回路两端施加试验电压的方法，可以测试出断路器最低动作电压。

》【技能要领】

一、术语解释

　　（1）断路器动作电压：加在断路器分、合线圈两端，能够使分、合闸机构动作的电压。

　　（2）断路器最低动作电压：能使断路器正常动作的分、合闸线圈上的最低电压。

二、断路器最低动作电压试验目的

　　（1）检查断路器操动机构分、合闸电磁铁或合闸接触器的最低动作电压是否符合要求，检查断路器操动机构在规定低电压范围内动作的可靠性。分、合闸脱扣器在电源电压低于额定电压的 30％ 时不应脱扣；分闸脱扣器在 65％～110％ 额定电源电压（直流）或 85％～110％ 额定电源电压（交流）范围内应可靠动作；合闸脱扣器在 85％～110％ 额定电源电压范围内应可靠动作。

　　（2）通过最低动作电压的测量，可以发现电磁铁芯杆卡涩和串联线圈极性接错等缺陷。

　　为满足正常运行中断路器能可靠分、合闸，应将电源电压的值波动控制在一定范围内。如电源电压低于额定电压一定值，断路器仍能可靠动作。此外，在断路器分、合闸的控制回路中，一般都串联有分、合闸操作指示灯，操作前回路中就有电流流过，为防止电流造成误动作，规程规定了最低动作电压下限值。动作电压不能太小，太小易造成误动。因此，分、合闸线圈动作电压是关系到断路器能否正常运行的重要数据。

三、断路器最低动作电压试验原理

　　在分、合闸回路（合闸回路：⑧-公共点，分闸回路：⑦-公共点）两端施加一个幅值为30％额定操作电压，之后开始均匀升压，如图1-9所示，使分、合闸线圈通电，直到所升电压值带动分、合闸脱扣器动作，使断路器分、合闸机构动作。分、合闸机构动作时所加的最低试验电压，为断路器最低动作电压值。

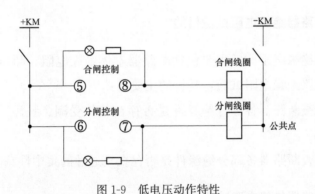

图1-9　低电压动作特性

任务五　断路器绝缘电阻试验

▶【任务描述】

　　断路器绝缘电阻试验主要包括断路器本体绝缘电阻、断口绝缘电阻和辅助控制回路绝缘电阻试验。绝缘电阻试验能反映各部分绝缘件整体受潮、脏污、严重老化等分布性缺陷和贯通性的集中性缺陷。绝缘电阻试验数据受湿度、温度和残余电荷等因素的影响。

》【技能要领】

当绝缘材料受热、受潮时，绝缘材料便会老化，绝缘电阻值降低，从而造成电气设备短路事故发生。为了避免事故发生，要按周期进行电气设备绝缘电阻测试，判断其绝缘性能是否满足设备正常运行需要。

一、术语解释

吸收比：绝缘电阻测试过程中，从施加直流电压开始，60s 时绝缘电阻与 15s 时绝缘电阻的比值。

极化指数：绝缘电阻测试过程中，从施加直流电压开始，10min 时绝缘电阻与 1min 时绝缘电阻的比值。

二、断路器绝缘电阻试验目的

断路器绝缘电阻试验主要包括断路器本体绝缘电阻、断口绝缘电阻和辅助控制回路绝缘电阻试验，其目的主要是：

（1）检查断路器各部分绝缘件是否存在整体受潮、脏污、严重老化等分布性缺陷。

（2）检查断路器各部分绝缘件是否存在贯通性的集中性缺陷。

三、断路器绝缘电阻试验方法

绝缘电阻测试是基于欧姆定律，测量在绝缘结构的两个电极之间施加的直流电压与流经电极的泄漏电流之比。绝缘电阻的阻值非常大，但不是无限大，其常用单位为兆欧（MΩ）。

在绝缘介质两端施加直流电压时，介质中总会流过电流。这个电流由三部分电流组成：电容电流、电导电流和吸收电流。绝缘电阻试验的等效电路图如图 1-10 所示。

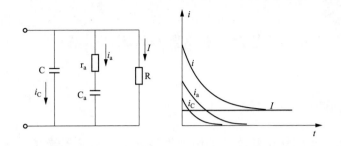

图 1-10　绝缘电阻试验的等效电路图

图 1-10 中，电容电流 i_C：离子式极化电流，持续时间短，加压后很快衰减为零；吸收电流 i_a：偶极式夹层式极化电流，持续时间较长，加压后衰减较慢；电导电流（泄漏电流）I：由绝缘体内极少数带电质点在电场作用下发生移动而形成，加压后很快趋向恒定。

上述绝缘体施加直流电压时，绝缘介质中流过的电流由大到小逐渐衰减的现象称为吸收现象。吸收现象的强弱与绝缘受潮有关。绝缘越干燥，吸收现象越强；绝缘受潮程度越严重，吸收现象越小。绝缘受潮劣化时，泄漏电流增长很快。

四、影响断路器绝缘电阻的因素

（1）湿度：当空气相对湿度大时，绝缘物因毛细管作用吸收较多的水分，使电导率增加，绝缘电阻降低。另外，空气相对湿度对绝缘物的表面泄漏电流影响更大，同样影响测得的绝缘电阻值。

（2）温度：温度每上升 10℃，绝缘电阻值约下降 0.5～0.7 倍，其变化程度随绝缘的种类而异。为了能将测量结果进行比较，应将有关的试验结果换算至同一温度。对于 A 级绝缘的变压器、互感器等电气设备，其换算公式为：

$$R_2 = R_1 \times 1.5^{(t_1 - t_2)/10} \qquad (1\text{-}1)$$

式中：R_2 是换算至温度 t_2 时的绝缘电阻，MΩ；R_1 是温度为 t_1 时的绝缘电阻，MΩ。

任务六　断路器交流耐压试验

》【任务描述】

断路器交流耐压试验能够灵敏地发现并消除断路器绝缘内部存在的隐患和缺陷。在现场试验中，通常采用工频交流耐压试验方法或变频串联谐振耐压试验方法进行高压断路器的交流耐压试验。

》【技能要领】

一、术语解释

断路器交流耐压试验是指在断路器本体绝缘和断口绝缘上分别施加一个远大于正常运行电压的高电压，并持续一定时间，考查断路器本体和断口绝缘性能的一种高压试验项目。

二、断路器交流耐压试验目的

在进行工频交流耐压试验时，施加的电压、波形、频率和在电力设备绝缘内部的电压分布均符合实际运行情况。由于施加电压高，能够灵敏地发现并消除断路器绝缘内部存在的隐患和缺陷。

SF$_6$断路器的交流耐压试验的目的：罐式断路器及 GIS 的充气外壳是接地的金属壳体，其内部导电体与壳体的间隙较小，运输到现场组装充气，若内部有遗留的杂物或运输中引起的内部零件位移，有可能造成薄弱环节，留有隐患。因此罐式断路器及 GIS 须进行对地交流耐压试验；定开距瓷柱式断路器的外壳是瓷套，对地绝缘强度高但断口间隙小（30mm），如断口间有毛刺或杂质存在，不易察觉，因此定开距断路器须进行断口间交流耐压试验；GIS 设备通过耐压试验老练过程可使微粒移动到低电场中，或烧蚀电极表面的毛刺，使其不起危害作用。

三、断路器交流耐压试验方法

1. 工频交流耐压试验

由工频交流电源供电，通过控制器向调压器供电，调压器改变输出电压的幅值，经试验变压器将低电压变换成高电压，向断路器施加一定的电压，并持续 1min，观察绝缘是否击穿或出现其他异常情况。工频交流耐压试验原理图如图 1-11 所示。

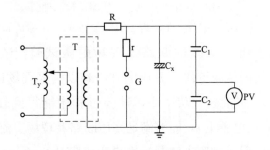

图 1-11　工频交流耐压试验原理图

T_y—调压器；T—试验变压器；R—限流电阻；r—球隙保护电阻；G—球间隙；

C_x—被试品电容；C_1、C_2—电容分压器高、低压臂；PV—电压表

在开展 35kV 断路器交流耐压时，按照相关规程，需施加 95kV 的电压进行耐压试验。若单只试验变压器输出电压难以满足试验电压的需求，可将两台或者多台试验变压器串联起来使用，采用串级升压的方法，以获得较高的试验电压。需注意的是串级升压时，每台试验变压器的额定容量应该相同。串级升压试验变压器试验原理图如图 1-12 所示。

2. 变频串联谐振耐压试验

现场耐压试验取高电压最直接的方法是使用试验变压器将电压升到耐压试验所需要的电压值，但该方法存在很多局限性。被试验设备电压等级越高，试验变压器的变比就越大，由于试验电压比被试设备运行电压高很多，对变压器的绝缘水平要求较高，且带负载能力受到二次绕组的容量和现场试验电源的很大限制，因此，只有较低电压等级和较小电容值的被试设备才使用试验变压器产生高压进行耐压试验。对于较高电压等级和较大电容值的被试设备，现场常用串联谐振方法产生高电压进行耐压试验。

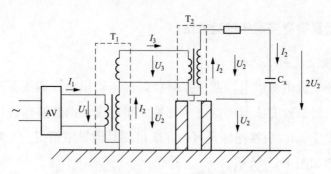

图 1-12　串级升压试验变压器试验原理图

T_1—第一台试验变压器；T_2—第二台试验变压器；C_x—被试品电容

110kV 及以上电压等级的断路器现场耐压试验，试验电压可达到 230kV 以上。常规的试验变压器升压的方法难以满足现场试验需求，串联谐振装置体积小、质量轻、功率小，试验过程中能得到较好的电压波形（高次谐波分量降在电感上），能够满足高压断路器现场交流耐压试验需求。

变频串联谐振耐压试验方法是：在谐振电路中，通过励磁变压器给电路施加电压 U，通过调节电源频率，使回路中的感抗等于容抗（$\omega L = 1/\omega C$），从而达到谐振条件。此时回路中的无功功率等于零，电流达到最大，在电容或者电感两端产生很高的电压，用于对被试品进行交流耐压。串联谐振耐压试验原理图如图 1-13 所示。

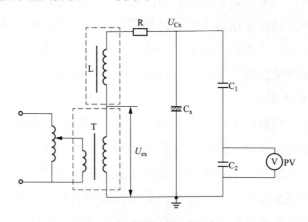

图 1-13　串联谐振回路原理图

T—励磁变压器；U_{ex}—励磁电压；L—电感；R—限流电阻；U_{Cx}—被试品上的电压；

C_x—被试品电容；C_1、C_2—电容分压器高、低压臂；PV—电压表

当回路中产生串联谐振时，被试品上的电压 $U_{Cx}=QU_{ex}$，其中 $Q=\omega L/R=1/\omega CR$，Q 称为品质因素。

四、串联谐振的特点

（1）利用串联谐振可以使试品上的电压为电源电压的 Q 倍，即可以用输出电压较小、容量较小的试验变压器对试验电压高、容量大的试品进行交流耐压。

（2）利用串联谐振可以使试品上的试验功率为电源功率的 Q 倍，降低电源的输出容量。可以用输出电流足够而输出电压小于试验电压的试验变压器进行高于试验变压器额定电压的试品进行交流耐压试验。

（3）当试品击穿时，电路中谐振条件破坏，输出电压减小，减小了对试品的损坏程度。

项目二

常用仪器使用及注意事项

》【项目描述】

本项目包含回路电阻测试仪、断路器特性测试仪、绝缘电阻表、交流耐压设备的使用及注意事项等内容。通过对仪器检查、仪器面板和操作界面、注意事项分析等的介绍，使读者了解仪器检查要点，掌握仪器的使用方法及注意事项。

任务一　回路电阻测试仪的使用及注意事项

》【任务描述】

回路电阻测试仪适用于高压断路器回路电阻的高精度测量，同样适用于其他大电流微电阻的测量场合。回路电阻测试仪使用前应进行外观及检测合格证检查，为保证测试的准确性，仪器测试电流不应小于100A，测试线夹与被测导体间应可靠连接、接触面无氧化膜。

》【技能要领】

一、仪器检查

（1）检查仪器外观，仪器外表面不应有明显的凹痕、划伤、裂缝和变形等现象，表面镀涂层不应起泡、龟裂和脱落，金属零件不应有锈蚀及其他机械损伤。

（2）检查仪器检测合格证，仪器应该经检测合格，且在检测有效期内。

（3）检查仪器能否正常开机，手持式回路电阻测试仪还需检查电池电量是否充足。

二、仪器面板及操作界面

回路电阻测试仪的面板如图 2-1 所示。

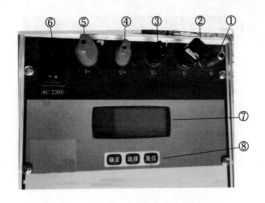

图 2-1 回路电阻测试仪面板图

回路电阻测试仪面板上的各项标志及其功能说明如表 2-1 所示。

表 2-1　　　　　　　　　　回路电阻测试仪面板标志及功能说明

序号	面板标志	功能说明
①	保护接地端	用于仪器接地,与大地相接
②	黑色接线柱 I−	电流接线柱 1
③	黑色接线柱 U−	电压接线柱 1
④	红色接线柱 U＋	电压接线柱 2
⑤	红色接线柱 I＋	电流接线柱 2
⑥	仪器电源插口、电源断路器	输入交流电源 220V,50Hz
⑦	液晶显示屏	显示试验数据
⑧	功能键模块	确定:选择当前菜单或确认操作
		选择:对各参数进行选择设置操作
		复位:仪器复位

仪器操作界面中有测试电流、测试时间、开始测试和历史记录四个菜单,操作界面如图 2-2 所示。

在测试电流菜单中,按下选择按钮,选择不小于 100A 的仪器试验电流;在测试时间菜单中,按下选择按钮,选择回路电阻试验时间,可以选择 15s、60s 等时间;将光标移至开始测试菜单,按下确定按钮开始测试;在历史记录菜单中,可以查询仪器存储的历史试验数据。

图 2-2　回路电阻测试仪操作界面图

三、回路电阻仪使用注意事项

（1）导电回路上的氧化膜在大电流下很容易被击穿，因此，试验电流不得太小。采用直流压降法试验时，仪器测试电流不应小于 100A。

（2）测试线夹和被测导体应可靠接触、去除接触面氧化层，以得出准确的回路电阻测试值。

（3）仪器金属外壳需可靠接地，避免仪器漏电伤人。

（4）更改试验接线或者拆除试验接线前，需关闭仪器电源。

（5）在使用过程中，仪器应排放平稳，避免仪器高处坠落伤人。

（6）在试验过程中人体不准碰触被试设备，防止人身伤害。

任务二　断路器特性测试仪的使用及注意事项

≫【任务描述】

本任务主要讲解断路器特性测试仪使用等内容，通过仪器检查概述、仪器面板和操作界面介绍、注意事项分析等，了解仪器检查要点，掌握断路器特性测试仪的使用方法，熟悉断路器特性测试仪使用的注意事项。

≫【知识要点】

断路器动作特性测试仪是用于测试高压断路器动作特性的专用仪器，具备开展断路器分、合闸时间测试、分、合闸速度测试、低电压动作测试等多项断路器动作特性测试功能。在进行不同的试验项目过程中，需要对仪器进行相应的参数设置，以得出正确的试验结果，同时避免被试断路器和仪器的损坏。

≫【技能要领】

一、仪器检查

（1）检查仪器外观，仪器外表面不应有明显的凹痕、划伤、裂缝和变形等现象，表面镀涂层不应起泡、龟裂和脱落，金属零件不应有锈蚀及其他机械损伤。

（2）检查仪器检测合格证，仪器应该经检测合格，且在检测有效期内。

二、仪器操作面板及操作界面

1. 断路器动作特性试验仪面板

DB-8015X 型断路器动作特性试验仪面板如图 2-3 所示。

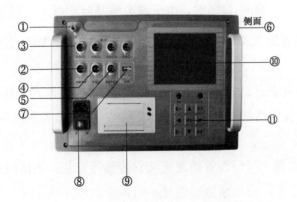

图 2-3 断路器动作特性试验仪面板图

断路器动作特性试验仪面板上各部分标志的功能说明如表 2-2 所示。

表 2-2 **断路器动作特性试验仪面板标志及功能说明**

序号	面板标志	功能说明
①	保护接地端	用于仪器接地，与大地相接
②	控制电源	仪器内部提供分、合闸控制直流电源
③	$A_1B_1C_1$ $A_2B_2C_2$ $A_3B_3C_3$ $A_4B_4C_4$	12 路断口时间测量通道
④	外触发	外触发方式时，直接并接到分、合线圈两端，取线圈上的电信号作为同步信号
⑤	速度传感器	速度传感器的信号输入
⑥	侧板	双端接地接头插座和辅助触点插座
⑦	USB 接口	用于导出试验数据以及固件升级
⑧	电源断路器	输入电源 220V±10%，50Hz±10%，25A
⑨	打印机	打印测试报告及图谱
⑩	液晶显示屏	大屏幕、宽温带、背景光液晶、全中文显示所有数据及图谱
⑪	功能键模块	◀ ▶ 左、右移动光标
		▲ ▼ 上下移动光标或增、减当前光标处数值
		确定：选择当前菜单或确认操作
		返回：返回上级菜单或取消操作
		复位：仪器复位

2. 仪器操作界面

打开电源，按 ⬤+ ⬤− 键，电子调节液晶对比度，直到显示效果最佳。按确定键，仪器进入菜单操作界面。屏幕上方为仪器操作主菜单，从左到右依次为查看、测试、设置、文件、帮助五个主菜单。

（1）主菜单设置。主菜单设置主要用于测试前，设置仪器的各种操作状态。主菜单设置包括测试设置、电压调整、速度增加等多项功能，如图 2-4 所示。

1）测试设置：可以设置速度定义、传感器安装、测试时长等参数。

a）速度定义：根据断路器型号不同，选取相应的定义。如果仪器里找不到相应的定义，则一般取"合前分后 10ms"测出"时间－行程特性曲线"，再在曲线上进行相应分析得到相应速度值。

图 2-4　断路器动作特性试验设置主菜单图

b) 传感器安装：根据测速传感器安装位置不同，选取相别。如果是三相联动机构，一般选在 A 相。

c) 测试时长：指内部电源输出操作电压的时间长度。

d) 触发信号：内触发是指用仪器内部直流电源进行分、合闸操作；外触发是指仪器内部直流电源不工作，用现场电源（交流、直流均可）操作断路器动作。仪器做合（分）闸时，仪器的外触发接线直接并接到合（分）闸线圈上，断路器动作时，仪器从线圈上取电压信号作计时起点。

e) 传感器：有加速度、旋转和直线传感器三个菜单，根据所用的传感器进行相应设定即可。

f) 电阻类型。

i. 关闭：对于普通金属断口断路器，设置为关闭；

ii. 合闸电阻：对于带合闸电阻的断路器，若要测试合闸电阻，设置为合闸电阻，若不测试合闸电阻，则设置为关闭；

iii. 双端接地：涉及断路器断口两端接地的测试时使用。

g) 行程测试：用直线传感器测速时，将此项开启，能测得断路器行程值；用加速度和旋转传感器测速时，将此项关闭。

h) 断路器行程：用旋转传感器和加速度传感器测速时，输入断路器的总行程值；用直线传感器测速及行程时，输入传感器的标注行程值。

i) 线路编号：线路编号是为了方便现场的数据保存方便，当设置了线路编号后，在保存数据时，会建立一个以线路编号命名的文件夹，并将数据保存在该文件夹中，文件名为试验的时间。所有设置完毕后，按向下键将光标移动到屏幕最下方的确定上，按确定后，仪器保存当前设置。

所有设置完成后，仪器即自动保存设置项，下次试验如不更改，则仪器仍按照此设置进行试验。

2）电压调整。

a）测试电压：根据现场需要，依照仪器屏幕提示，设定断路器的操作电压。

b）内部电源电压校验：用万用表量"控制电源输出"的合闸端或分闸端，将测试时长设定在 2000ms 或 4000ms，做单合或单分操作，即可测量输出电源的电压值。

注意：仪器内部操作电源不可用作现场储能电机的电源！校验完毕后务必将测试时长调回到 250ms！否则长时间直流输出会烧毁断路器分、合闸线圈。

3）速度增加：当仪器内部速度定义不满足用户的需求时，用户可以自己定义速度。在速度定义的界面内，完成速度定义并确定后，可以在设置→测试设置→速度选择项内选择自己定义的速度。

4）速度删除：删除用户自己定义的速度定义。

5）日期时间：调整仪器显示的日期时间，一般出厂时已经调好。

6）菜单设置用来设置曲线图形上显示的项目和按键音。在曲线图形中可以显示的图形有时间曲线、电流曲线、行程曲线、速度曲线。默认状态下，速度曲线是不显示的，如果需要更改曲线图形中显示的项目，可在这里更改，项目前面的点代表显示。如果开启按键提示音，那么每次按键时，都会有一声短鸣。

7）U 盘升级：把系统升级文件拷贝到 U 盘，然后把 U 盘插入仪器面板 USB 接口内，进入本界面可以实现系统程序升级。

8）状态检测：状态检测显示的是直线电阻传感器或旋转电阻传感器的滑动端的位置，此功能也可以用来检测电阻传感器是不是工作正常。在这种状态下，把传感器用连接线和仪器连接。用手拉动直线电阻的拉杆或转动旋转电阻的转轴，光标应该在 0～5 之间滑动。旋转电阻可以连续转动，但电气特性不是连续的，它的有效工作区域是非完整的弧线，范围为 350°。因此，为了保证在测试时信号连续，应该在安装旋转传感器时保证光标位置在 2～3 之间。

（2）主菜单测试。仪器完成设置后，进入测试主菜单，测试主菜单包含自动测试、分闸测试和合闸测试等功能，如图 2-5 所示。

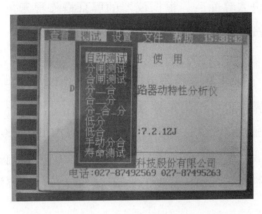

图 2-5   断路器动作特性试验测试主菜单图

1）自动测试：仪器根据 A1 断口的状态，自动选择断路器做合闸或者分闸测试。

2）分闸测试、合闸测试：分别是断路器的单分、单合试验。

3）分一合：断路器的"分一合"试验需整定"分$-t_1-$合"控制时间间隔后试验，可直接得到断路器的一分时间、无电流时间。控制时间间隔 t_1 是指从分闸线圈通电到合闸线圈通电的时长，t_1 可设置为略小于断口固有分闸时间的数值。

4）合一分：断路器的"合一分"试验需整定"合$-t_2-$分"控制时间间隔后试验，可直接得到断路器的一合时间、金短时间。时间间隔 t_2 是合闸线圈给电时间间隔，分闸线圈需一直给电；t_2 可设置为略小于断口固有合闸时间的数值。

5）分－合－分：断路器的"分－合－分"试验需整定"分－t_1－合－t_2－分"控制时间后试验，可直接得到断路器的一分时间、金短时间、无电流时间。"分－t_1－合－t_2－分"操作需将 t_1 设置为合闸开始给电时间点，t_2 设置为合闸给电时间间隔。一般情况下，t_1 设置为 300ms，t_2 可设置为略小于断口固有合闸时间的数值。

6）低合、低分：做低电压试验时，仪器必须接地线，接内部电源控制线，可以不接断口信号线和速度传感器信号线。做合闸、分闸的自动低电压动作试验时，进入界面后，根据仪器的屏幕操作提示进行操作即可。当断路器动作后，按确定键，屏幕提示是否打印低跳电压，如要打印，按确定键。

7）手动分、合：在某个设定电压下，对断路器反复进行多次分、合试验。手动分、合操作也可以用来检查仪器的操作电源和合、分闸控制回路是否正常。以合闸回路为例，把万用表调至 1000V 电压档，两个表笔分别接负公共和合闸端，调整电压，不按向左键时，万用表应该显示 0V，按向左键时，万用表的电压示值应该为仪器屏幕的显示值。分闸回路用同样的方法检测。

（3）主菜单查看。仪器完成试验后，在主菜单查看里面查看、分析、打印试验结果。主菜单查看包括查看曲线图像、综合数据、电阻波形等多项功能，如图 2-6 所示。

图 2-6　断路器动作特性试验查看主菜单图

1）曲线图形：测试结果的综合曲线图谱包括各断口的时间波形、动态电阻波形、弹跳波形、时间－行程曲线、线圈电流波形等，这些波形都是以时间为横坐标，在一个坐标图上显示的综合图谱。

2）综合数据：以表格的形式显示所测的结果值。其包括各断口的固有分、合时间值，同相同期，相间同期，合、分闸动态电阻数据，刚分刚合速度，最大速度，线圈电流，断路器总行程，超行程，反弹幅值等。

3）电阻波形：测试完毕，通过查看该项得到石墨触头断路器的合闸、分闸动态电阻波形，带有合闸电阻断路器的电阻触头合闸波形、主触头合闸波形等。

4）电阻数据：测试完毕，通过查看该项得到带有合闸电阻断路器的电阻触头合闸时间，主触头合闸时间，主触头弹跳次数、弹跳时间，电阻触头弹跳次数、弹跳时间等。

5）弹跳过程：显示各断口的弹跳时间、弹跳次数。如果想看到每个断口更详细的弹跳过程，在"详细"光标下，按确定键，可看到相应断口的第一合时刻、第一分时刻、第二合时刻、第二分时刻等的更详细的弹跳过程。如要打印弹跳结果，"详细"光标下，按向左或向右键消除"详细"，然后再调出查看菜单，选择打印即可。

6）数据分析：对所测得的时间－行程曲线进行分析可以得到相关的数据，其中最主要的是刚分、刚合速度数据。进入主界面，进行软件设置，界面显示断口分、合位置。

7）综合打印：打印试验日期、试验内容、试验所得曲线图谱以及综合数据。

8）打印：打印屏幕当前显示的内容。

9）试验信息：试验前仪器设置的试验信息。

10）图形放大：将显示的波形图谱横向放大一倍。

（4）主菜单文件。仪器完成试验后，保存试验结果，在主菜单文件里面包含打开数据、保存数据和删除目录等功能，如图2-7所示。

1）打开数据：调出仪器中已经保存的试验结果。

图 2-7　断路器动作特性试验文件主菜单图

2）保存数据：将所测结果保存到仪器存储器中，以线路编号作为文件夹，同一天试验的结果以试验的时间不同，保存在同一个文件夹内。所存结果只要不进行刷新，可永久保存。

3）删除目录：删除仪器内保存的一个数据目录。

4）删除数据：删除仪器内保存的一个数据文件。

5）U 盘读取：读取 U 盘内的存储数据。

6）U 盘保存：将试验数据保存到 U 盘。

7）联机测试：连接仪器到 PC 机的进入操作。

（5）主菜单帮助。在主菜单帮助里面可以查到仪器的知识产权权属，软件的版本号，仪器的出厂序列号，公司网址、邮箱、地址、售后联系电话等相关信息。

三、仪器使用注意事项

（1）仪器必须使用带接地端的三插头电源线；仪器金属外壳必须可靠接地，以防漏电伤人。

（2）仪器应存放在干燥、通风、阴凉的货架上，不能直接放在地上，以免受潮。仪器长时间不做试验，应该将其通电运行一段时间，以免仪器里面的元器件损坏，导致仪器不能正常工作。

（3）断路器动作特性测试仪是精密贵重设备，使用时要防止重摔、撞击。

（4）试验时，仪器输出的试验电压需根据现场断路器不同的额定操作电压进行调整，避免输出电压设置错误造成断路器分、合闸线圈烧毁。

任务三 绝缘电阻表的使用及注意事项

》【任务描述】

本任务主要讲解绝缘电阻表使用等内容，通过仪器检查概述、仪器操作界面介绍和注意事项分析等，了解仪器检查要点，掌握绝缘电阻表的使用方法，熟悉绝缘电阻表使用的注意事项。

》【知识要点】

绝缘电阻表是测试断路器绝缘电阻的试验仪器，仪器使用前，应先检查仪器状态是否正常、合格。在仪器使用过程中，应进行规范操作，了解仪器使用注意事项等内容。

》【技能要领】

一、仪器检查

（1）检查仪器外观，仪器外表面不应有明显的凹痕、划伤、裂缝和变形等现象，表面镀涂层不应起泡、龟裂和脱落，金属零件不应有锈蚀及其他机械损伤。

（2）检查仪器检测合格证，仪器应该经检测合格，且在检测有效期内。

（3）在使用前检查绝缘电阻表的电量是否充足。

（4）测量前检查绝缘电阻表是否处于正常工作状态，主要检查"0"和"∞"两点。即电动绝缘电阻表在短路时读数应为"0"，开路时读数应为"∞"。

二、仪器面板及操作界面

绝缘电阻表面板如图 2-8 所示，绝缘电阻表面板上的各项标志及其功能说明如表 2-3 所示。

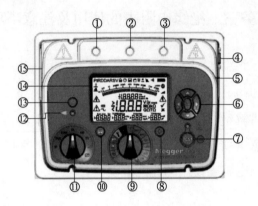

图 2-8　绝缘电阻表面板图

表 2-3　　　　　　　　　　　　　　绝缘电阻表面板标志及功能说明

序号	面板标志	功能说明
①	（＋）极性端	接（＋）极性测试线，输出正极性电压
②	GUARD 端	接屏蔽测试线，用于屏蔽绝缘外表面脏污、受潮等影响因素
③	（一）极性端	接（一）极性测试线，输出负极性电压
④	数据线插座	遥控插座
⑤	USB 接口	用于数据传输
⑥	选择按钮	方向选择按钮和确认选择按钮
⑦	测试按钮和指示灯	输出高压的测试断路器按钮及高压指示灯
⑧	背光按钮	液晶显示屏灯光按钮
⑨	旋转断路器	选择试验电压等功能的旋转断路器
⑩	保存按钮	保存试验数据
⑪	测试模式选择断路器	用于选择绝缘电阻的各种测试模式
⑫	电源指示灯	仪器在充电时该指示灯亮
⑬	滤波按钮	对输出直流电压进行滤波的功能
⑭	显示屏	显示仪器操作界面和试验数据
⑮	电源插座	用于仪器充电的电源插座

三、使用注意事项

（1）测量前必须将被测设备电源切断，并对地短路放电，不允许设备带电进行绝缘电阻测量，以保证人身和设备的安全。

（2）禁止在雷电时或者附近有高压导体的设备上测量绝缘电阻，只有在设备不带电且又不可能受其他电源感应而带电的情况才可测量。

（3）被测设备表面要清洁，减少表面脏污和水分等因素的影响，确保测量结果的准确性。

（4）仪器使用时应放在平稳、牢固的地方。

（5）测量完毕时，应对设备充分放电，避免残余电荷伤人。

（6）在进行拆、接线时，应戴绝缘手套。

（7）绝缘电阻表应定期校验，使用前应检查绝缘电阻表是否在检测有效期内。

（8）根据不同的被试品，按照相关规程的规定来选择绝缘电阻表的输出电压。绝缘电阻表的精度不应小于 1.5％。对电压等级 220kV 及以上且容量为 120MVA 及以上变压器测试时，宜采用输出电流不小于 3mA 的绝缘电阻表。

（9）试验环境湿度不超过 80％。

任务四　工频交流耐压设备的使用及注意事项

≫【任务描述】

工频交流耐压设备适用于高压断路器等变电设备的交流耐压试验，试验仪器主要由调压控制箱和试验变压器组成，调压控制箱输出可调节的试验电压，试验变压器进行升压至所需的试验电压值。使用仪器前应进行外观及检测合格证检查，应熟悉仪器使用操作方法和仪器具备的各项功能。拆、接线前和试验结束时，应断开试验电源，对试验变压器高压部分多次充分放电后接地。

>> 【技能要领】

一、仪器检查

（1）检查仪器外观，仪器外表面不应有明显的凹痕、划伤、裂缝和变形等现象，表面镀涂层不应起泡、龟裂和脱落，金属零件不应有锈蚀及其他机械损伤。

（2）检查仪器检测合格证，仪器应该经检测合格，且在检测有效期内。

二、仪器面板介绍

1. 控制箱面板

调压器面板图如图 2-9 所示。调压器面板上的各项标志及其功能说明如表 2-4 所示。

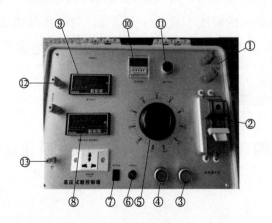

图 2-9　调压器面板图

表 2-4　　　　　　　　　　　调压器面板标志及功能说明

序号	面板标志	功能说明
①	电源输入接线柱	接输入电源线
②	电源总开关	断开试验电源，形成一个明显的断开点
③	停止按钮	试验回路断电开关

序号	面板标志	功能说明
④	启动按钮	试验回路合闸开关
⑤	旋转手柄	调压器旋转手柄，调节输出电压数值大小
⑥	回零指示灯	调压器输出电压回零指示灯
⑦	定时开关	定时器开关
⑧	输出电流显示、整定器	整定输出过电流数值，实时显示输出电流数值
⑨	输出电压显示器	实时显示高压侧电压数值
⑩	定时报警	设置定时时间，达到定时后发出报警声音
⑪	输入电压显示器	显示输入电源电压
⑫	电压输出接线柱	接输出电源线
⑬	接地柱	用于仪器接地，与地网连接

2. 试验变压器接线端子

试验变压器各接线端子如图 2-10 所示。试验变压器接线端子的各项标志及其功能说明如表 2-5 所示。

三、注意事项

（1）工频交流试验所施电压高出电气设备额定工作电压，通过这一试验可以发现很多绝缘缺陷，尤其对局部缺陷更为有效。由于施加电压较高，在耐压试验时可能给绝缘带来一定损伤，或者使得原来隐藏的缺陷进一步扩大，形成绝缘内部劣化的积累效应，所以应在绝缘电阻、介质损耗因数等其他试验项目全部合格后，才可进行工频交流耐压试

图 2-10　试验变压器接线端子图

验。若有不合格，应查明原因并消除缺陷后才能进行交流耐压试验。在进行交流耐压前后均应测量绝缘电阻。

（2）工频交流耐压试验设备的选择要根据被试设备的交流耐压值来选择合适的交流耐压设备，现场布置要合理，线路连接应正确可靠。试品和仪器

应妥善接地，高压部分对地要保持足够的安全距离，通电前应全面检查。

表 2-5 试验变压器接线端子标志及功能说明

序号	接线端子	功能说明
①	接地柱	用于仪器接地，与地网连接
②	高压尾端	试验变压器高压绕组尾端
③	仪表接线端	与电压测量仪表连接
④	输入接线端	试验变压器低压侧输入端，与控制箱电源输出端相连接

（3）接上被试品后，检查调压器是否在零位，然后合上电源开始缓慢升压，在升压过程中应密切监视仪表、高压回路和被试品是否有异常现象。如有异常现象时，应立即降压并断开电源，查明原因并采取相应措施。当电压升到试验电压时，开始计时并读取试验电压和电容电流。耐压试验时间到后，迅速而均匀地将电压降到零，断开电源，将试验设备充分放电。

（4）交流耐压试验的接线应按被试品的电压、容量和现场实际试验设备条件来决定。

（5）根据被试品的试验电压、容量和现场实际试验设备条件来选用合适电压的试验变压器、调压器。试验电压较高时，可采用多级串接式试验变压器。试验前应检查试验变压器所需低压侧电压是否与现场电源电压、调压器相配。

（6）尽量采用自耦式调压器，若容量不够，可采用移圈式调压器。调压器的输出波形应接近正弦波，为改善电压波形可在调压器输出端并联一台电感与电容串联的滤波器。

（7）拆、接线前和试验结束时，应断开试验电源，对试验变压器高压部分多次充分放电后接地。

（8）控制箱和试验变压器等试验仪器均需可靠接地，去除接地点的油漆和氧化层，采用压接的方式牢固接地，防止高压对试验人员造成伤害。

（9）试验环境湿度不超过 80%。

项目三

敞开式断路器试验

【项目描述】

本项目包含敞开式断路器的试验概述、现场操作、典型案例等内容，通过概念描述和案例分析，使读者了解敞开式断路器的试验类型和试验周期，熟悉敞开式断路器试验项目，掌握现场完成敞开式断路器试验工作的流程及相关要求。

任务一　测量瓷柱式断路器导电回路电阻

【任务描述】

敞开式断路器的回路电阻主要取决于其动、静触头间的接触电阻，而接触电阻会增加通电损耗，并使接触处温度升高，直接影响正常工作时的载流能力，同时也在一定程度上影响了短路电流的切断能力，故断路器导电回路接触的好坏是保证断路器安全运行的一个重要条件。根据国网（运检/3）829—2017《国家电网公司变电检测管理规定》，断路器的例行试验基准周期 110（66）kV 及以上为 3 年，35kV 及以下为 4 年。断路器导电回路宜采用电流不小于 100A 的直流电压降法测量，且其回路电阻应不大于制造商规定值。

【技能要领】

一、导电回路电阻试验前准备

（1）详细了解设备的运行情况，据此制定相应的技术措施和安全措施。

（2）配备与工作情况相符的上次检测报告、标准作业卡、合格的仪器仪表、工具和连接导线等。

（3）现场具备安全可靠的独立检测电源，禁止从运行设备上接取检测电源。

（4）检查环境、人员、仪器满足检测条件。

（5）按相关安全生产管理规定办理工作许可手续。

二、导电回路电阻试验

1. 试验接线

如图 3-1 所示，将电流线（粗线）接到对应的 I＋、I－接线柱，电压线（细线）接到 V＋、V－接线柱。两把夹钳夹住被测试品的两端，如图 3-2 所示。若电压线和电流线是分开接线的，则电压线要接在内侧，即电流夹（大夹子）应接在电压夹（小夹子）的外侧。

图 3-1　回路电阻测试仪器接线　　　　图 3-2　回路电阻测试接线

2. 试验步骤

（1）测试前拆除测量回路的接地线或拉开接地开关。

（2）对被试设备进行放电，正确记录环境温度。

（3）确认被试设备处于导通状态。

（4）清除被试设备接线端子接触面的油漆及金属氧化层，进行检测接线，检查测试接线是否正确、牢固。

（5）接通仪器电源，按选择键将光标移动到"开始测试"位置，如图 3-3 所示，按确定键开始测试，电流稳定后读出检测数据，测量每相的回路电阻值，并做好记录。

图 3-3　回路电阻测试操作界面

（6）关闭检测电源，拆除检测测试线，将被试设备恢复到测试前状态。

3. 注意事项

（1）若被试设备配合有其他检修工作，应在主回路检修全部完成后进行该项检测工作。

（2）在没有完成全部接线时，不允许在测试接线开路的情况下通电，否则会损坏仪器。

（3）测试时，为防止被测设备突然分闸，应断开被测设备操作回路的电源。

（4）测试线应接触良好、连接牢固，防止测试过程中突然断开。

（5）双臂电桥由于在测量回路通过的电流较小，难以消除电阻较大的氧化膜，测出的电阻值偏大，因此应使用利用电压降原理的回路电阻测试仪进行回路电阻测试。检测电流应该取 100A（用于 1000kV 电压等级断路器的应不小于 300A）至额定电流之间的任一电流值。

（6）检测现场出现明显异常情况时（如异音、电压波动、系统接地等），应立即停止检测工作。

（7）试验结束时，试验人员应拆除自装的测试线，并对被试设备进行检查，恢复试验前的状态，经试验负责人复查后，进行现场清理。

4. 导电回路电阻试验数据分析和处理

（1）敞开式断路器的回路电阻应不大于制造商规定值的 1.2 倍，当测试结果出现异常时，应与同类设备、同设备的不同相间进行比较，做出诊断结论。

（2）如发现测试结果超标，首先需排除接线端子接触不良这种情况的影响，电压或者电流夹钳可能未夹紧或者夹子与触头之间接触面上有锈蚀或者脏污。

（3）如测试结果仍然超标，可将被试设备进行分、合操作若干次，重新测量，若仍偏大，可分段查找以确定接触不良的部位再进行处理。

（4）经验表明，仅凭主回路电阻增大不能认为是触头或联结不好的可靠证据。此时，应该使用更大的电流（尽可能接近额定电流）重复进行检测。

（5）当明确回路电阻较大的部位后，应对接触部位解体进行检查，对于设备线夹等接触面，应进行清洁、打磨处理。对于断路器灭弧室内部回路电阻超标的，应按照厂家工艺解体检查，必要时进行更换。

（6）检测工作完成后，应在 15 个工作日内完成试验报告整理及录入，报告格式见附录 A。

》【典型案例】

1. 案例描述

某变电站一台 220kV 线路断路器（弹簧机构）在停电例行试验过程中，进行一次导电部分回路电阻测试，测试数据如下：A 相为 $44.6\mu\Omega$、B 相为 $26.1\mu\Omega$、C 相为 $44.9\mu\Omega$。B 相的回路电阻数据明显小于另外两相，本次检修过程中同型号的其他设备回路电阻测试数据也基本在 $40\mu\Omega$ 左右，因此，怀疑该断路器 B 相存在问题（试验规程仅对回路电阻的上限做要求，未对下限做出规定）。

在对该断路器进行分闸操作时，发现 B 相分、合闸指示处于半分半合的状态，再进行回路电阻测试，发现断路器并未分闸。

2. 原因分析

断路器在合闸状态，无法分闸，且合闸状态回路电阻比其他各相偏小，怀疑合闸时弹簧储能过大引起。据此情况，检修人员对储能回路中位置继电器进行检查，发现位置继电器损坏，弹簧完成储能后，位置继电器无法及时停止储能，导致储能弹簧过储能，从而引起上述情况的发生。

3. 防控措施

在日常试验工作中，要重视回路电阻的测试，一般情况下出现的均为测试仪器线夹接触不良、设备本身导电部分松动等导致回路电阻偏大等，若回路电阻偏大，排除仪器原因后，可对导电回路进行检查处理，但若回路电阻测试值偏低，也要引起足够的重视，找到原因，杜绝操作机构的异常影响后续设备正常运行。

任务二　分、合闸电磁铁线圈的直流电阻试验

≫【任务描述】

　　分、合闸电磁铁线圈的特性直接关系到断路器动作的可靠性，若分、合闸电磁铁线圈特性发生变化，会对断路器的机械特性造成影响。因此，各类试验均需开展电磁铁线圈的直流电阻试验，保证分、合闸电磁铁线圈的特性的稳定。根据《输变电设备状态检修试验规程》（Q/GDW 1168—2013）规定，线圈直流电阻的试验周期为 4 年，实际工作中，当对断路器动作特性有所怀疑时，均需对线圈直流电阻进行检测，以判断动作特性的异常是否由分、合闸电磁铁线圈引起。其检测结果应符合设备技术文件要求，没有明确要求时，以线圈电阻出厂试验值的偏差不超过 $\pm 5\%$ 作为判据。

≫【技能要领】

一、分、合闸电磁铁线圈的直流电阻试验前准备

　　（1）详细了解设备的运行情况，据此制定相应的安全措施和技术措施；准备与线圈直流电阻对应的标准化作业执行卡，整理历史测试数据。

　　（2）准备线圈直流电阻所使用的仪器仪表以及相关安全工器具，线圈直流电阻使用的仪器为万用表，检查环境、人员、仪器满足测试条件。

　　（3）环境温度不宜低于 5℃，环境相对湿度不大于 80%，现场区域满足测试安全距离要求，待试断路器处于停电检修状态，断路器的控制电源

已完全断开。

（4）现场具备安全可靠的独立检测电源，禁止从运行设备上接取检测电源。

（5）核对断路器的起始状态，一般交接的起始状态为分闸状态。

（6）确定断路器的"远方/就地"转换开关处于"就地"位置。

（7）断开断路器控制及储能电源，并将断路器操动机构能量完全释放。

（8）按照安全生产管理规定办理工作许可手续。

二、分、合闸电磁铁线圈的直流电阻试验

1. 试验接线

测量分、合闸电磁铁线圈的直流电阻时使用直流电阻测试仪或专用单臂电桥，仪器精度应不低于 0.2 级，测试时分别将单臂电桥两个接线端子接至分、合闸线圈的两端，根据电阻值的大小选取直流电阻测试仪的测试电流，进行测试即可。

若将直流电阻测试仪的接线端子直接接至分、合闸线圈的两端，可直接测试出线圈的电阻，但此种测试方式现场查找断路器的分、合闸线圈，且断路器的分、合闸线圈位于断路器机构箱内，其周边存在着断路器的机械元件（储能元件等），测量时需要将测试线接到线圈两端，接线时存在一定的机械伤害风险。所以现场实际测量分、合闸线圈直流电阻的方法是根据图纸正确找到分闸回路及合闸回路，通过回路来测量分、合闸线圈直流电阻，该种测试方法的测量值与直接测量值存在一定的误差，但该测试方法可进一步检查控制回路的完整性。与其他各类断路器类似，需要在断路器分闸状态下测合闸线圈的电阻，在合闸状态下测分闸线圈的电阻。

本任务仅介绍将直流电阻测试仪的接线端子直接接至分、合闸线圈的两端进行测试的方法，对分、合闸线圈进行直流电阻测试。

2. 试验步骤

（1）对被试设备进行放电。

（2）拆除断路器面板，暴露出分、合闸线圈。

（3）先将测试仪器可靠接地，再按照图 3-1 完成试验接线，并检查试验接线是否正确、牢固。

（4）接通试验电源，选择适当的电流档位，进行电阻测试，待电阻值稳定后读出测试数据，分别完成分、合闸线圈电阻的测试并做好记录。

（5）每次测试完毕按复位键并充分放电。

（6）关闭检测电源，拆除试验测试线，并将被试断路器恢复至测试前状态。

3. 注意事项

（1）测试前要确认断路器已处于分闸，且后台控制电源空气开关已断开。

（2）对断路器分、合闸线圈的直流电阻进行测量前，要确保断路器储存能量已完全释放，防止断路器误动对测试人员造成机械伤害。

（3）测试时使用直流电源，在测试完毕以及中间更换接线时要对被试品进行充分放电，防止残余电荷伤害。

（4）应确保操作人员及测试仪器与电力设备的高压部分保持足够的安全距离。

（5）测试前，应将设备外壳可靠接地后，方可进行其他接线。

（6）因测试需要断开设备接头，拆前应做好标记，接后应进行检查。

（7）试验结束后，试验人员应拆除自装的测试线，并对被试品进行检查，恢复至试验前的状态，经试验负责人复查无误后，进行现场清理。

4. 试验数据分析和处理

（1）分、合闸电磁铁线圈直流电阻检测结果应符合设备技术文件要求，没有明确要求时，以线圈电阻初值差不超过±5％作为判据。

（2）若发现测试结果超标，首先应排除接线端子接触不良这种情况的影响，检查测试夹钳与线圈首末段接触情况，可能存在夹钳未夹紧或者夹子与线圈端子的接触面有锈蚀或者脏污，需要排除此种情况的影响。

（3）如测试结果仍然超标，可拆下分、合闸线圈，直接在其两端进行测量，防止线圈因控制回路绝缘不良分流等原因对测试结果造成影响。

（4）若测试结果仍超标，需要对分、合闸线圈进行更换。更换前需对分、合闸线圈电阻进行测试，更换后需对断路器操动机构合闸接触器和分、合闸电磁铁的最低动作电压进行测试，以保证断路器可靠动作。

（5）检测工作完成后，应在 15 个工作日内完成试验报告整理及录入，报告格式见附录 A。

任务三　测量敞开式断路器的绝缘电阻试验

➤【任务描述】

敞开式断路器绝缘电阻的测量的主要目的是检查拉杆对地绝缘。绝缘电阻应在合闸与分闸状态下分别进行。在合闸状态下可以通过绝缘电阻的测量发现拉杆受潮、沿面贯穿性缺陷。在分闸状态下可以通过绝缘电阻的测量发现内部消弧室是否受潮或烧伤。根据国网（运检/3）829—2017《国家电网公司变电检测管理规定》，断路器的例行试验周期 110（66）kV 及以上为 3 年，35kV 及以下为 4 年。测量断路器整体绝缘电阻值，其值应无明显下降或符合设备技术文件要求。测量断路器分、合闸线圈的绝缘电阻值，不应低于 $10M\Omega$，直流电阻值与产品出厂试验值相比应无明显差别。

➤【技能要领】

一、绝缘电阻试验前准备

（1）详细了解设备的运行情况，据此制定相应的技术措施和安全措施。

（2）配备与工作情况相符的上次检测报告、标准作业卡、合格的仪器仪表、工具和连接导线等。

（3）现场具备安全可靠的独立检测电源，禁止从运行设备上接取检测

45

电源。

（4）检查环境、人员、仪器满足检测条件。

（5）按相关安全生产管理规定办理工作许可手续。

（6）确定断路器的"远方/就地"转换开关处于"就地"位置。

（7）断开断路器控制及储能电源，并将断路器操动机构能量完全释放。

（8）试验前先并确定断路器的起始状态，一般交接的起始状态为分闸状态。确认被测断路器应从各个方面断开，验明无电压，确实证明被测设备无人工作后，方可进行测量。在测量过程中，禁止其他人接近被测设备。

（9）检查绝缘电阻表是否完好。指针式绝缘电阻表未接上被测物之前，摇动手柄达到额定转速，观察指针是否指在"∞"位置，然后再将"线"和"地"两接线柱短接，缓慢摇动手柄，观察指针是否指在"0"位。指针不能指到"∞"或"0"位置，表明绝缘电阻表有故障，应经检查修理鉴定后再使用。

二、绝缘电阻试验的操作和分析

1. 试验接线

测量分闸状态断路器绝缘电阻时，首先将绝缘电阻表的接地端"＋"端接地，接线端"－"端接于被试断路器下部引线端口，如图 3-4 所示；将断路器上部引线端口接地，如图 3-5 所示。

测量合闸状态断路器的绝缘电阻时，首先将绝缘电阻表的接地端"＋"端接地，接线端"－"端接于被试断路器一端引线端口，将断路器另一端悬空。

2. 试验步骤

（1）测量断路器分闸状态下的绝缘电阻，测量电压档位选择 2500V，长按 TEXT 键，绝缘电阻表开始测量。

（2）绝缘电阻表到达额定输出电压后，待读数稳定停止测量，读取并记录绝缘电阻值。

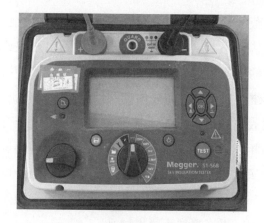

图 3-4　绝缘电阻测试仪接线

图 3-5　绝缘电阻测试接线

（3）长按 TEXT 键结束测量，被试断路器应对地进行充分放电。

（4）测量断路器合闸状态下的绝缘电阻，同上述步骤 1、2、3。

（5）测量断路器分闸线圈及合闸线圈的绝缘电阻，测量电压档位选择 500V，其他同上述步骤 1、2、3。

（6）测量结束后，如使用仪表为手摇式绝缘电阻表，应先断开接至被试品高压端的连接线，然后将绝缘电阻表停止工作；如使用仪表为全自动式绝缘电阻表，应等待仪表自动完成所有工作流程后，断开接至被试品高压端的连接线，然后将绝缘电阻表停止工作。

（7）检查试验数据与试验记录是否完整、正确。

（8）测试完毕，关闭仪器电源，拆除测试接线，最后将断路器恢复到交接状态。

3. 注意事项

（1）在测量时，应至少由两人进行。

（2）绝缘电阻测量前后，应对断路器进行放电、接地。

（3）当有较大感应电压时，必须采取措施以防止感应高压损坏仪表和危及人身安全。

（4）绝缘电阻表的 L 和 E 端子不能对调，与被试品间的连线不能铰接或拖地。

（5）测量时应使用高压屏蔽线。测试线不要与地线缠绕，尽量悬空。

（6）使用指针式绝缘电阻表测量时，手摇要保持匀速，不可过快或过慢，使指针不停地摆动，适宜的转速为 120r/min。如发现指针在"0"位，说明被测设备有短路，不能再继续摇动，以防表内动圈因过热而损坏。

（7）采用指针式绝缘电阻表测量时，应先手摇保持匀速，将电压升至额定值后，再将测试线与试品相连。测量完毕，应先将测试线圈脱离试品后，再关闭电源。以防试品电压反击，损坏绝缘电阻表。数字式绝缘电阻表进行测量时，应先将测试线与试品相连接，再开电源将电压升至额定值进行测量，结束时先将电源关闭，再将测试线脱离试品。

（8）为便于对测量结果进行分析，除测量时记录被测物的绝缘电阻外，还应记录对测量有影响的其他因素，如当时的环境温度及湿度、所使用的绝缘电阻表电压等级及量程范围、被测物的有关状况等。

（9）试验环境湿度应不超过 80%。

4. 绝缘电阻试验数据分析和处理

（1）敞开式断路器的绝缘电阻应无明显下降或符合设备技术文件要求。在未明确规定最低值的情况下，将结果与有关数据比较，包括同一设备的各相的数据、同类设备间的数据、出厂试验数据、耐压前后数据，与历次同温度下的数据比较，并结合其他试验综合判断。

（2）当明确绝缘电阻不符合要求，首先需排除温度的影响。由温度对绝缘电阻的影响很明显，所以对试验结果进行分析时，温度的换算可参考式（3-1）进行：

$$R_2 = R_1 \times 1.5^{(t_1-t_2)/10} \tag{3-1}$$

式中：R_1、R_2 是温度为 t_1、t_2 时的绝缘电阻值，$M\Omega$。

（3）试品表面脏污、油渍，或在空气相对湿度较大的时候，会使其表面泄漏电流增大，表面绝缘下降，为获得正确的测量结果，应确保试品表面洁净，必要时加装屏蔽线。

（4）重新测量，若绝缘电阻仍不符合要求，应进行分段测量，找出绝缘最低的部分。

（5）检测工作完成后，应在 15 个工作日内完成试验报告整理及录入，报告格式见附录 A。

任务四　敞开式断路器时间特性试验

≫ 【任务描述】

敞开式断路器时间特性试验是测量断路器主触头的分、合闸时间及分、合闸的同期性。时间特性试验是保证断路器安全运行的一个重要条件，验证断路器线圈是否灵敏可靠，只有保证适当的分、合闸速度，才能充分发挥其开断电流的能力，以及减少合闸过程中预击穿造成的触头电磨损及避免发生触头熔焊。根据国网（运检/3）829—2017《国家电网公司变电检测管理规定》，断路器的例行试验周期 110（66）kV 及以上为 3 年，35kV 及以下为 4 年。断路器操作电压应满足以下要求：根据现场断路器出厂铭牌上所标注的操作电压对断路器时间特性进行试验，一般为 220V 或者 110V。分、合闸同期性满足下列要求：相间合闸不同期不大于 5ms，相间分闸不同期不大于 3ms，同相各断口合闸不同期不大于 3ms，同相分闸不同期不大于 2ms。

≫ 【技能要领】

一、时间特性试验前准备

（1）详细了解现场设备的运行情况，据此制定相应的技术措施和安全措施，并按相关安全生产管理规定办理工作许可手续。

（2）配备与工作情况相符的上次检测报告、标准作业卡、合格的仪器仪表、工具和连接导线等。

（3）现场具备安全可靠的独立检测电源，禁止从运行设备上接取检测电源。

（4）检查环境、人员、仪器满足检测条件。

（5）核对断路器的起始状态，一般交接的起始状态为分闸状态。

（6）确定断路器的"远方/就地"转换开关处于"就地"位置。

（7）断开断路器控制及储能电源，并将断路器操动机构能量完全释放。

（8）核对断路器的铭牌来确定断路器的额定操作电压，并做好记录。

（9）通过二次接线图纸资料或者历史数据确定断路器分、合闸线圈控制电源的端子以及储能电机的端子位置。

（10）用万用表检查分、合闸线圈控制电源的端子以及储能电机的端子上无电压。

（11）安装、拆除传感器前应确认断路器分、合闸能量完全释放，控制电源及电机电源完全断开。

二、时间特性试验的操作和分析

1. 试验接线

试验接线的第一步需先将仪器可靠接地，并将断路器两侧三相短路接地，然后进行其他接线，以防感应电损坏测试仪器。如图 3-6 所示，将仪器控制电源线接到相应的分、合闸线圈的端子上，注意红线（合闸控制线）接合闸线圈的进线端子，绿线（分闸控制线）接分闸线圈的进线端子，黑线（公共接地线）接分、合闸线圈的公共端；将传感器安装在合适的位置，防止由于传感器安装不当，造成断路器动作时损坏仪器及断路器；将测试线连接到仪器的测量通道上，并将测试线连接到断路器一端。如图 3-7 所示，断路器上端接测试线，下端接地。接线完成后，断开断路器上端侧的短路接地线，使断路器一端悬空。

为了更好解决断路器开合瞬间拉弧、拖弧问题，部分变电站的采用石墨触头断路器。石墨触头的特性试验需要采用特定的测试线，如图 3-8 所示。将该测试线的两个夹子应夹在断路器上下两侧，如图 3-9 所示；将该测试线的另一端接在仪器石墨触头专用的测量端口，该端口在仪器的右侧方，如图 3-10 所示。其他接线和普通断路器的特性试验相同，如图 3-11 所示。

2. 试验步骤

（1）完成测试接线，并检查确认接线正确。

红线
绿线

黑线

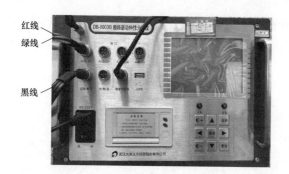

图 3-6 断路器动作特性分析仪接线图

图 3-7 断路器动作特性接线

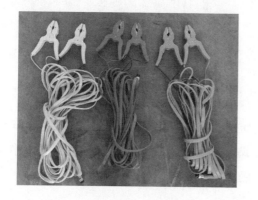

图 3-8 断路器动作特性连接线

图 3-9 测量接线

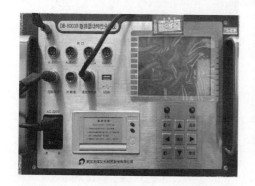

图 3-10 断路器特性测试仪接线

图 3-11 断路器特性测试仪器接线

（2）选择状态检测，确认断路器为分闸状态。用万用表测量合闸线圈的电阻，做好记录，确定合闸线圈没有问题。

（3）接通电源，选择设置菜单下的测试设置，如图 3-12 所示。根据被试断路器型号进行相应参数设置，尤其注意根据各厂家参数设置开距及行程（参考附录 C），如果是石墨触头断路器需把电阻类型设置为"石墨触头"，如图 3-13 所示。

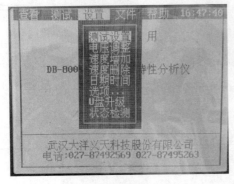

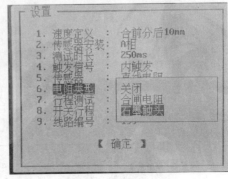

图 3-12　仪器参数设置①　　　　　图 3-13　仪器参数设置②

（4）将仪器输出控制电压应为断路器铭牌上所标注的额定操作电压值，选择"设置"下面的"电压调整"，如图 3-14 所示。进去设置动作电压的界面后，将电压设置为额定操作电压，如图 3-15 所示。

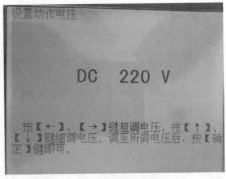

图 3-14　仪器参数设置③　　　　　图 3-15　仪器参数设置④

（5）点击仪器操作界面的"合闸测试"，开始合闸测试，断路器合闸，记录并打印测试数据，如图 3-16 所示。

（6）确认断路器此时为合闸状态，用万用表测量分闸线圈的电阻，确定分闸控制回路没有问题。

52

（7）依次完成断路器第一套分闸和第二套分闸的时间、速度试验，点击仪器操作界面的"分闸测试"，如图 3-17 所示，断路器分闸，记录并打印测试数据。

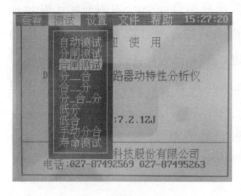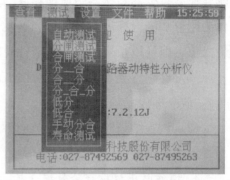

图 3-16　仪器参数设置⑤　　　　　图 3-17　仪器参数设置⑥

（8）测试完毕，关闭仪器电源，拆除测试接线，最后将断路器恢复到交接状态。

3．注意事项

（1）若被试设备配合有其他检修工作，应在主回路检修全部完成后进行该项检测工作。

（2）在没有完成全部接线时，不允许在测试接线开路的情况下通电，否则会损坏仪器。

（3）测试时，为防止被测断路器突然分、合闸，应断开被测断路器操作回路的电源。

（4）测试线应接触良好、连接牢固，防止测试过程中突然断开。

（5）对于测试数据不符合厂家标准的，应按照厂家要求及检修工艺进行调整，调整后应重新进行测试。

（6）测速时，根据被试断路器的制造厂不同，断路器型号不同，需要进行相应的"行程设置"。

（7）分、合闸速度测量时应取产品技术条件所规定区段的平均速度，通常可分为刚分速度、刚合速度、最大分闸速度及最大合闸速度。技术条件无规定时，SF₆断路器一般推荐取刚分后和刚合前 10ms 内的平均速度分别作为刚分和刚合速度，并以名义超程的计算始点作为刚分和刚合计算点；真空断路器一般推荐取刚分后和刚合前 6mm 内的平均速度分别作为刚分和刚合速度；少油断路器一般推荐取刚分后和刚合前 5ms 内的平均速度分别作为刚分和刚合速度。最大分闸速度取断路器分闸过程中区段平均速度的最大值，但区段长短应按技术条件规定，如无规定，应按 10ms 计。

（8）检测现场出现明显异常情况时（如异音、电压波动、系统接地等），应立即停止检测工作。

（9）试验结束时，试验人员应拆除自装的测试线，并对被试设备进行检查，恢复试验前的状态，经试验负责人复查后，进行现场清理。

4. 操作电压校核试验数据分析和处理

（1）测试结果应与断路器说明书给定值进行比较（常用断路器数据见附录 C），应满足厂家规定要求。

（2）若上述测试项目中存在不符合厂家要求的测试数据时，应首先检查接线情况、参数设置、仪器状况等是否符合测试要求。

（3）检测工作完成后，应在 15 个工作日内完成试验报告整理及录入，报告格式见附录 A。

任务五　敞开式断路器低电压动作试验

》【任务描述】

敞开式断路器低电压动作试验是保证断路器安全运行的一个重要条件，验证断路器线圈是否灵敏可靠，同时测试整个操作机构在非额定动作电压下的性能。根据国网（运检/3）829—2017《国家电网公司变电检测管理规定》，断路器的例行试验周期 110（66）kV 及以上为 3 年，35kV 及以下为 4 年。断路器操作电压应满足以下要求：并联合闸脱扣器在合闸装置额定电源电压的 85%～110% 范围内，应可靠动作。并联分闸脱扣器在分闸装置额定电源电压的 65％～110％（直流）或 85％～110％（交流）范围内，应可靠动作。当电源电压低于额定电压的 30％时，脱扣器不应脱扣。

【技能要领】

一、机械特性试验前准备

（1）详细了解现场设备的运行情况，据此制定相应的技术措施和安全措施，并按相关安全生产管理规定办理工作许可手续。

（2）配备与工作情况相符的上次检测报告、标准作业卡、合格的仪器仪表、工具和连接导线等。

（3）现场具备安全可靠的独立检测电源，禁止从运行设备上接取检测电源。

（4）检查环境、人员、仪器满足检测条件。

（5）核对断路器的起始状态，一般交接的起始状态为分闸状态。

（6）确定断路器的"远方/就地"转换开关处于"就地"位置。

（7）断开断路器控制及储能电源，并将断路器操动机构能量完全释放。

（8）查看断路器的铭牌来确定断路器的额定操作电压，并做好记录。

（9）通过二次接线图纸资料或者历史数据来确定断路器分、合闸线圈控制电源的端子以及储能电机端子的位置。

（10）用万用表检查分、合闸线圈控制电源的端子以及储能电机的端子上无电压。

二、低电压动作试验

1. 试验接线

试验接线的第一步需先将仪器可靠接地，并将断路器两侧三相短路接地，然后进行其他接线，以防感应电损坏测试仪器。如图 3-18 所示，将仪器控制电源线接到相应的分、合闸线圈控制电源的端子上，注意红线接合闸线圈的进线端子，绿线接分闸线圈的进线端子，黑线接分、合闸线圈的公共端。

2. 试验步骤

（1）按照图 3-18 对测试仪器进行接线，并确认接线正确。

（2）接通仪器电源，根据被试断路器型号进行相应参数设置。

（3）选择仪器操作界面"测试"子菜单下面的"低合"，如图 3-19 所示，进入低电压合闸动作测试的设置页面。

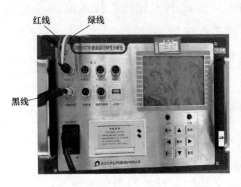
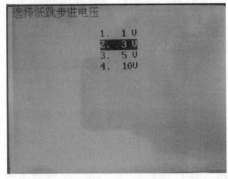

图 3-18　断路器动作特性分析仪接线　　　　图 3-19　仪器测试操作界面

（4）首先设置低跳起始电压，把起始电压设置为操作电压的 30%，如图 3-20 所示，若该断路器铭牌上标示的操作电压为 110V，则起始电压设置为 32V；然后将低跳步进电压设置为 3V，如图 3-21 所示。

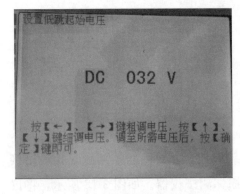

图 3-20　低电压动作特性参数设置①　　　　图 3-21　低电压动作特性参数设置②

（5）设置完成后，按确认键开始输出设置好的电压，若断路器不动作，继续按确认键输出并逐步调高电压，直至断路器恰好合闸，记录下该动作电压，按返回键回到原始操作界面。

（6）查看断路器分、合状态指示和实际断路器状态是否显示合闸。

（7）进行低电压分闸试验，选择仪器操作界面"测试"子菜单下面的"低分"，如图 3-22 所示，进入低电压分闸动作测试的设置页面。

（8）对控制回路输出电压，并逐步调高电压，直至断路器恰好分闸，记录下该动作电压，并打印测试数据。

图 3-22 仪器测试步骤

（9）查看断路器分、合状态指示和实际断路器状态是都显示分闸。

（10）测试完毕，关闭仪器电源，拆除测试接线，最后将断路器恢复到交接状态。

3．注意事项

（1）若被试设备配合有其他检修工作，应在主回路检修全部完成后进行该项检测工作。

（2）在没有完成全部接线时，不允许在测试接线开路的情况下通电，否则会损坏仪器。

（3）测试时，为防止被测设备突然分闸，应断开被测设备操作回路的电源。

（4）测试线应接触良好、连接牢固，防止测试过程中突然断开。

（5）对于测试数据不符合厂家标准的，应按照厂家要求及检修工艺进行调整，调整后应重新进行测试。

（6）检测现场出现明显异常情况时（如异音、电压波动、系统接地等），应立即停止检测工作。

（7）试验结束时，试验人员应拆除自装的测试线，并对被试设备进行检查，恢复试验前的状态，经试验负责人复查后，进行现场清理。

4．操作电压校核试验数据分析和处理

（1）分、合闸电磁铁动作电压不满足标准要求，应检查动、静铁芯之间的距离，检查电磁铁芯是否灵活，有无卡涩情况，或者通过调整分、合闸电磁铁与动铁芯的间隙来调整动作电压。缩短间隙，动作电压升高，反之降低。当调整间隙后，应进行断路器分、合闸时间测试，防止间隙调整影响机械特性。

（2）检测工作完成后，应在 15 个工作日内完成试验报告整理及录入，报告格式见附录 A。

>> 【典型案例】

1. 案例描述

某变电站一台 110kV 线路 SF$_6$ 断路器，采用弹簧操作机构，线圈额定电压是直流 220V。该断路器停电检修后做低电压动作试验，加 65％的额定电压分闸时，无法分闸。按规定分闸脱扣器在分闸装置额定电源电压的 65％～110％（直流）范围内，应可靠动作。因此，怀疑该断路器存在问题。

2. 过程分析

SF$_6$ 断路器加 65％的额定电压分闸时，无法分闸。现场首先检查 SF$_6$ 气体压力都在额定值，排除了低 SF$_6$ 气体压力闭锁。用万用表检查合闸回路电阻为 88Ω（接近线圈直流电阻），可排除电气回路故障。通过进一步检查发现电磁铁铁芯运动行程为 3.7mm（标准值为 2.8～3.2mm），可见造成不能动作的原因是动、静铁芯的工作间隙太大。因为电磁铁的吸力与动、静铁芯工作气隙长度的平方成反比，气隙大，所以磁阻大，吸力小。通过调整动、静铁芯的行程，重新做 65％动作电压试验，断路器分闸正常。

3. 结论建议

断路器的操动机构应长期保持可靠动作，低电压动作测试是断路器特性试验的必测项目，能够有效排除事故隐患。现场试验若遇到电压动作校验数据不合格，应分别排除低油压力、低 SF$_6$ 气体、电气回路及铁芯等故障，及时修正，以免操作机构的异常影响后续设备正常运行。

项目四

气体绝缘金属封闭开关试验

【项目描述】

本项目通过对气体绝缘金属封闭（gas insulated switchgear，GIS）断路器的主回路电阻测试，断路器分、合闸线圈直流电阻试验，辅助回路、控制回路绝缘电阻和交流耐压试验，断路器分、合闸时间和速度试验，断路器最低动作电压试验，断路器绝缘电阻试验，断路器交流耐压和局放试验，使读者熟悉各项试验目的，掌握试验原理、试验接线及注意事项等。

任务一　GIS 断路器主回路电阻测量

【任务描述】

回路电阻主要取决于其动、静触头间的接触电阻，而接触电阻会增加通电损耗，并使接触处温度升高，直接影响正常工作时的载流能力，同时也在一定程度上影响了短路电流的切断能力，故断路器导电回路接触的好坏是保证断路器安全运行的一个重要条件。根据国网（运检/3）829—2017《国家电网公司变电检测管理规定》，断路器的例行试验周期 110（66）kV 及以上为 3 年，35kV 及以下为 4 年。断路器导电回路宜采用电流不小于 100A 的直流电压降法测量，且其回路电阻应不大于制造商规定值。

【技能要领】

GIS 各元件安装完成后，一般在抽真空充 SF_6 气体之前进行主回路电阻测量。GIS 设备主回路接触电阻测量方法与断路器接触电阻测量基本上是一样的，应采用直流压降法或专用回路电阻测试仪，测试电流不小于 100A，接线图如图 4-1 所示。主回路电阻判断标准：所测主回路值应符合产品技术条件的规定，不得超出出厂实测值的 120%，同时还应注意三相平衡度的比较。

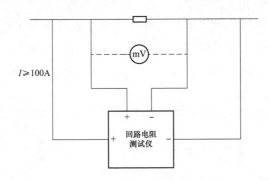

图 4-1　主回路电阻测量的接线图

但是由于 GIS 设备结构特殊性，测量方法和敞开式断路器有所不同。当母线较长且有多路出线时，应尽量分段测量，才可以找到缺陷部位。如图 4-2所示，虚线部分表示 GIS 罐体。

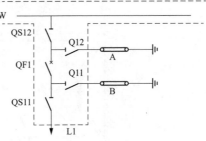

一、导电回路电阻试验前准备

（1）详细了解设备的运行情况，据此制定相应的技术措施和安全措施。

图 4-2　GIS 主接线图

（2）配备与工作情况相符的上次检测报告、标准作业卡、合格的仪器仪表、工具和连接导线等。

（3）现场具备安全可靠的独立检测电源，禁止从运行设备上接取检测电源。

（4）检查环境、人员、仪器是否满足检测条件。

（5）按相关安全生产管理规定办理工作许可手续。

二、导电回路电阻试验的操作和分析

1. 试验接线及测量

（1）若 GIS 有进出线套管，则可直接利用进出线套管注入测量电流分别测量 A、B、C 三相的回路电阻，主回路电阻 R 为：

$$R = \frac{U}{I}$$

式中：U、I 分别为测量时的电压、电流值。

（2）若GIS接地开关导电杆与外壳绝缘，引到金属外壳的外部以后再接地，如图4-3所示，而测量时可将接地连接铜片A、B断开，利用回路上的两组接地开关导电杆关合到测量回路上进行测量，测量接线示意图如图4-4所示。

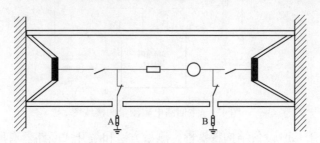

图4-3　GIS断路器结构图

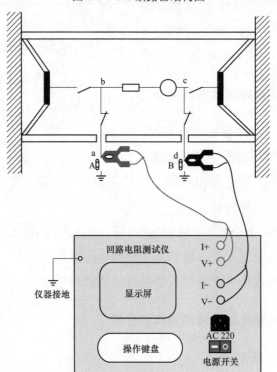

图4-4　回路电阻测量接线示意图

测量abcd环路上的回路电阻R（A相、B相、C相），可得：

$$R = \frac{U}{I}$$

式中：I 为测试时的电流值，一般为 100A；U 为测试时电压值，根据所测回路电阻的阻值，回路电阻测试仪器自动换算出电压值，之后仪器自行显示出回路电阻值。

（3）若接地开关导电杆与外壳不能绝缘分隔时，采用如图 4-5 所示接线电路。

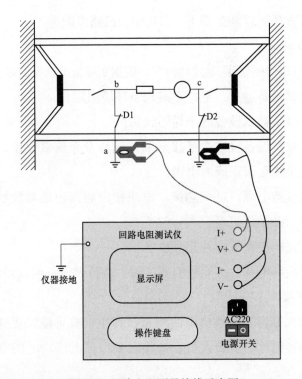

图 4-5　回路电阻测量接线示意图

根据测量电路图测量回路电阻时可分为两步（以测量 A 相断路器的回路电阻值为例）：

1）将接地开关 D1、D2 断开，测量外壳 ad 之间的电阻 R_1。

2）合上断路器两侧的接地开关 D1、D2，利用回路电阻测试仪测量环路 abcd 上的电阻 R_0，而此时测量得到的 R_0 是断路器主回路电阻 R_A 和外壳电阻 R_1 并联后的总电阻，可先测量导体与外壳的并联电阻 R_0 和外壳的直流电阻 R_1。

通过上面两步测量得到了 R_0 和 R_1，根据电阻并联公式可得：

$$R_0 = \frac{R_A R_1}{R_A + R_1}$$

则主回路电阻 R_A 为：

$$R_A = \frac{R_0 R_1}{R_1 - R_0}$$

用相同的测试方法测量断路器 B、C 两相的回路电阻值。

2. 试验步骤

（1）查看 GIS 断路器两端接地情况，根据实际情况选择测量接线和方法。

（2）对被试设备进行放电，正确记录环境温度。

（3）检查确认被试设备处于导通状态。

（4）清除被试设备接线端子接触面的油漆及金属氧化层，进行检测接线，检查测试接线是否正确、牢固。

（5）接通仪器电源，进行测试，电流稳定后读出检测数据，测量每相的回路电阻值，并做好记录。

（6）测试完毕按复位键并充分放电。

（7）关闭检测电源，拆除检测测试线，将被试设备恢复到测试前状态。

3. 注意事项

对于 GIS 内断路器回路电阻的测量过程中，有可能需要断开接地开关或断开接地连接铜片，试验人员在操作时要保证无感应电的危险下才可以进行试验。

4. 导电回路电阻试验数据分析和处理

（1）断路器的回路电阻应不大于出厂规定值，当测试结果出现异常时，应与同类设备、同设备的不同相间进行比较，做出诊断结论。

（2）如发现测试结果超标，首先需排除接线端子接触不良这种情况的影响，电压或者电流夹钳可能未夹紧或者夹子与触头之间接触面上有锈蚀或者脏污。

（3）如测试结果仍然超标，可将被试设备进行分、合操作若干次，重新测量，若仍偏大，可分段查找以确定接触不良的部位并进行处理。

（4）经验表明，仅凭主回路电阻增大不能认为是触头接触不良的可靠证据。此时，应该使用更大的电流（尽可能接近额定电流）重复进行检测。

（5）当明确回路电阻较大的部位后，应对接触部位解体进行检查，对于设备线夹等接触面，应严格按照母线加工工艺进行清洁和打磨处理。对于断路器灭弧室内部回路电阻超标的，应按照厂家工艺进行解体检查，必要时更换。

（6）检测工作完成后，应在 15 个工作日内完成试验报告整理及录入，报告格式见附录 B。

任务二　分、合闸电磁铁线圈的直流电阻试验

》【任务描述】

本任务主要讲解 GIS 断路器分、合闸电磁铁直流电阻试验的相关知识。通过对 GIS 断路器分、合闸电磁铁直流电阻试验的概述，使读者熟悉 GIS 断路器分、合闸电磁铁直流电阻试验的接线和步骤，掌握 GIS 断路器分、合闸电磁铁直流电阻试验数据的分析及异常的处理。

》【知识要点】

详见项目三任务二。

》【技能要领】

详见项目三任务二。

任务三　辅助回路、控制回路绝缘电阻和交流耐压试验

》【任务描述】

辅助回路及控制回路是断路器重要组成部分，保护及测控装置的指令

需通过辅助及控制回路的传输来实现，其状况直接关系到保护动作后断路器动作的可靠性。若绝缘电阻过低，在辅助或者控制回路产生寄生回路，可能造成断路器拒动或者误动，同时断路器的储能以及闭锁的可靠性也与储能回路及闭锁回路的状况相关。因此需对辅助回路、控制回路绝缘状况进行检测以保证断路器在保护动作后可靠动作，在正常运行时不会发生误动。

Q/GDW 11447—2015《10kV－500kV 输变电设备交接试验规程》中规定，辅助回路和控制回路绝缘电阻不低于 2MΩ，用 2500V 绝缘电阻表可以代替交流耐压试验。

》 【技能要领】

一、辅助回路、控制回路绝缘电阻及交流耐压试验前准备

（1）详细了解设备的运行情况，据此制定相应的安全措施和技术措施。

（2）准备与该项目对应的标准化作业执行卡，整理历史测试数据，准备待试验断路器二次回路相关图纸。

（3）准备所使用的仪器仪表以及相关安全工器具，本任务使用的仪器为绝缘电阻表。根据不同的被试品，按照相关规程的规定来选择适当输出电压的绝缘电阻表，绝缘电阻表的精度不应小于 1.5％。若需同时完成绝缘电阻及交流耐压测试，绝缘电阻表输出电压需要达到 2500V。

（4）检查环境、人员、仪器满足测试条件。

（5）环境温度不宜低于 5℃，环境相对湿度不大于 80％，现场区域满足测试安全距离要求，待试断路器处于停电检修状态，断路器的控制电源已完全断开。

（6）现场具备安全可靠的独立检测电源，禁止从运行设备上接取检测电源。

（7）按照安全生产管理规定办理工作许可手续。

二、辅助回路、控制回路绝缘电阻及交流耐压试验的操作及数据分析

1. 试验接线

测试 GIS 断路器辅助回路、控制回路绝缘电阻及交流耐压试验使用绝缘电阻表，首先通过二次图纸找出需测试回路（合闸回路、分闸回路）的端子号。测试前先将仪器可靠接地，并对绝缘电阻表进行检测。

测试时，将绝缘电阻表接地端可靠接地，将合闸回路在 GIS 智能汇控柜端子排上找到对应端子可靠短接后，接至绝缘电阻表加压端子，选择合适电压即可开始测试。

2. 试验步骤

（1）对被试设备进行放电，并正确记录现场温、湿度以及设备铭牌信息。

（2）查阅断路器二次图纸，明确需测试的各辅助回路及控制回路在端子排上所对应的端子号。

（3）为防止测试过程中造成断路器动作，测试时需让断路器处于分闸状态并将机构储能释放。

（4）因本试验需施加高压，试验前将试验区域设置封闭的安全围栏并做好监护。

（5）测试时先将测试仪器可靠接地。

（6）每项测试完毕后，对加压位置充分放电并记录测试数据。

（7）按照上述步骤完成其他回路测试。

（8）关闭检测电源，放电、接地，拆除试验测试线，并将被试断路器恢复至测试前状态。

3. 注意事项

（1）应确保操作人员及测试仪器与电力设备的高压部分保持足够的安全距离。

（2）因本项目需施加高压，测试前需设置安全围栏并做好监护。

（3）高压引线应尽量缩短，并采用专用的高压试验线，必要时用绝缘物支挂牢固。

（4）测试人员在加压过程中需站在绝缘垫上，测试完毕及测试过程中更改接线时需充分放电并保证加压端可靠接地，放电及更改接线时需戴绝缘手套。

（5）测试时测试端夹子必须接触良好，短接线短接可靠，因端子排上各端子临近距离较小，测试过程中需采取防止短接线及绝缘电阻表加压端误插到其他端子的措施，必要时利用绝缘胶布对其进行绝缘包扎。

（6）试验现场出现明显异常情况时（如异响、测试电压波动、测试系统接地等），应立即停止试验工作，查明异常原因。

（7）避免拆接短路器二次接线，因测试需要断开设备接头时，拆前应做好标记，接后应进行检查。

（8）开始加压前，应通知有关人员离开被试设备，并取得测试负责人许可，方可加压，测试过程中应有人监护并呼唱，断路器处禁止进行其他工作。

（9）试验结束后，试验人员应拆除自装的测试线，并对被试品进行检查，恢复至试验前的状态，经试验负责人复查无误后，进行现场清理。

4. 试验数据分析和处理

（1）在例行试验中，用 1000V 绝缘电阻表对各辅助回路及控制回路绝缘电阻进行测试，与历史数据相比应无显著下降。

（2）当测试数据不满足要求时，应首先检查接线情况、参数设置、仪器状况等是否符合测试要求。

（3）交接试验过程中，绝缘电阻测试和交流耐压试验可同步实施，试验电压为 2500V，加压时间为 1min，辅助回路和控制回路绝缘电阻不低于 2MΩ 为合格；对于交流耐压试验，加压过程中测试电压无波动，被测试回路无异常发热、异味，测试过程中绝缘电阻值无明显降低，无击穿等现象，认为交流耐压试验通过。

（4）由于温度、湿度、脏污等条件对绝缘电阻的影响很明显，因此当测试数据偏低时不能简单认为绝缘存在问题，应排除这些因素的影响，特别应考虑温度的影响。

（5）排除各项干扰后绝缘电阻仍偏低时，可咨询厂家技术人员，对回路进行分段排查，必要时对辅助回路或控制回路上电缆或其他元器件进行更换。

（6）检测工作完成后，应在 15 个工作日内完成试验报告整理及录入，报告格式见附录 B。

任务四　GIS 断路器动作时间、速度测试

≫【任务描述】

断路器机械特性的某些方面用触头动作时间和运动速度作为特征参数来表示。在机械特性试验中一般最主要的是刚分速度、刚合速度、最大分闸速度、分闸时间、合闸时间以及分、合闸同期性等。

（1）断路器分、合时间是断路器重要参数之一，其长短关系到分、合故障电流的性能；如果断路器分、合闸严重不同期，将造成线路或变压器的非全相接入或切断，从而可能出现危害绝缘的过电压。

（2）断路器的分、合速度，直接影响断路器的关合和开断性能。断路器只有保证适当的分、合闸速度，才能充分发挥其开断电流的能力，以及减小合闸过程中预击穿造成的锄头电磨损及避免发生触头熔焊。

根据国网（运检/3）829—2017《国家电网公司变电检测管理规定》，分、合闸同期性满足下列要求：相间合闸不同期不大于 5ms，相间分闸不同期不大于 3ms，同相各断口合闸不同期不大于 3ms，同相分闸不同期不大于 2ms。同时有些情况下需要根据各自厂家设备出厂的规定满足其他相关要求。

≫【技能要领】

因 GIS 结构的特殊性，一次电气设备与连接导线均在 GIS 内部，无法将测试仪器直接夹在断路器两端的导线上来进行断路器的机械特性试验。对于 GIS 内断路器的时间、速度等电气试验，需要利用断路器两端的接地开关。

一、断路器机械特性常规测试方法

针对检修现场，线路断路器的许可状态为检修状态，即断路器分

闸、断路器两端的接地开关合闸（分别为断路器线路侧接地开关和断路器母线侧接地开关）。对于断路器的机械特性试验，其常规的测试方法与敞开式断路器类似，在保证电气试验安全的前提下，需要断开断路器两端接地开关中的一端，以安全为前提，一般断开断路器线路侧的接地开关，如图 4-6 所示，断开 GIS 断路器两端的接地连接铜片 A，之后根据图 4-7 将断路器测试仪器的接线接好时间测量线并安装好速度传感器（详见测量仪器项目二），之后的试验步骤与敞开式断路器测量时间、速度操作方式一致。

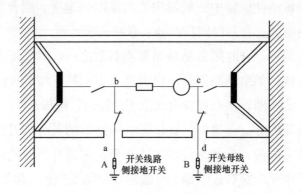

图 4-6　GIS 断路器内部结构图

二、双端接地测试法

因 GIS 结构的多样性，GIS 断路器试验的条件均有所不同。断路器两端的接地开关存在接地点无法断开、断开后有可能会对 GIS 运行造成隐患等情况，此时的接地点不允许拆除，因此由此生产出了双端接地测量仪器，双端接地断路器测量仪器介绍详见项目二。双端接地测量仪器的测量原理如图 4-8 所示。

根据双端接地断路器测量仪器的原理分析可知，该仪器可以在不拆除断路器两侧接地扁铁的情况下，测量该断路器的时间、速度。从而可以有效避免因人为拆除接地扁铁而造成的安全隐患。其原理接线如图 4-9 所示。

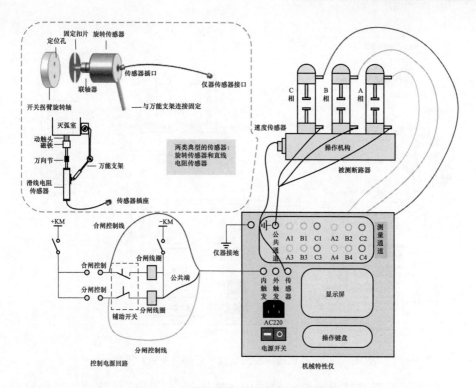

图 4-7　GIS 断路器机械特性测量接线图

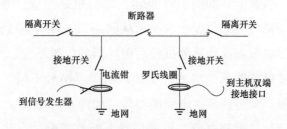

图 4-8　双端接地断路器测试仪测试原理图

1. 试验步骤

（1）先检查断路器的实际分、合状态（断路器机械指示、信号指示等），从而决定下一步的试验项目（分闸或合闸）；之后将双端接地断路器测量仪器和其配套的信号发生器接地，根据图 4-9 所示将双端接地断路器测试仪器的测试线（电流钳和罗氏线圈）接到 GIS 断路器两端的接地扁铁上，如图 4-10 所示。

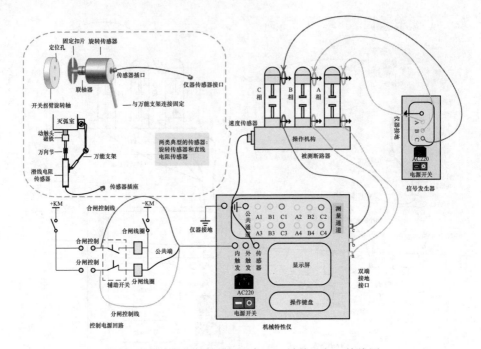

图 4-9　断路器机械特性测试仪（双端接地版）接线图

（2）按照断路器操动机构的结构，选择相应的速度传感器接到断路器操动机构的固定位置上，如图 4-11 所示。之后根据测量仪器上的指示调整传感器的位置，使得测量仪器上的指示从图 4-12（a）调整到（b），之后固定传感器位置，确保每次断路器试验后传感器的位置不变。

（3）根据被试断路器的制造厂不同，断路器型号不同，需要进行相应的仪器参数设置，如传感器、电阻类型等，如图 4-13 所示。

（4）打开信号发生器电源，查看仪器上断路器分、合状态指示和实际断路器状态是否相同，图 4-14 为断路器实际状态为合闸时仪器显示的断路器状态，保证测试回路导通良好。

（5）确保测试接线正确，信号传输正常后，将仪器控制电源线接到相应的接线端子上，如图 4-15 所示，按照仪器使用说明书对仪器的控制方式进行设置。

1）根据被试断路器控制电源的类型和额定电压，选择合适的触发方式并调节好控制电源电压。

2）使用"内触发"方式测试前必须断开被试断路器控制电源。

3）使用仪器对断路器进行储能时必须提前断开断路器储能电源。

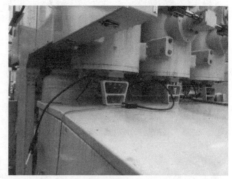

图 4-10　现场接线情况

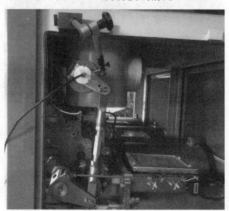

图 4-11　速度传感器安装

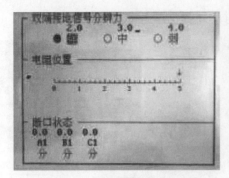

(a)调整前　　　　　　　　　　　　(b)调整后

图 4-12　速度传感器调整

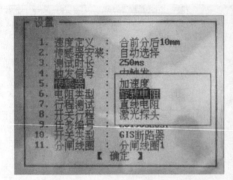

图 4-13　仪器参数设置

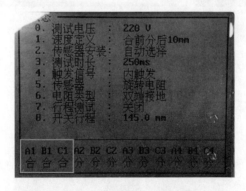

图 4-14　断路器状态显示

（6）断路器时间、速度试验的试验电压值为厂家铭牌上所标注的额定操作电压值，分别进行断路器的合闸、第一套分闸和第二套分闸的时间、

速度试验，并及时记录相应的试
验数据，如图 4-16（a）、（b）所
示的合闸、分闸数据，最后断开
仪器电源。

（7）对比厂家出厂报告数据以
及历史数据，分析本次试验数据是
否合格。

（8）若试验数据均正常，拆除

图 4-15　现场测量端子接线

所有试验接线，恢复现场至试验前状态，并清理现场。

2. 注意事项

（1）断路器时间参量测量试验时，断路器的分、合闸操作必须在分、
合线圈的额定电压值下进行。

（2）进行试验时，建议将高压断路器受邻近高压线耦合电压较高的一
侧连接到地，但不可将两侧均接地。

（3）断路器的分、合闸线圈均只允许短时通电，试验时要保证断路器
动作后能立即切断电源，以防这些线圈通电时间过长而烧坏。

（4）断路器时间特性试验是一个精度很高的试验（通常在 100ms 以
下），所以对于试验测试线的连接要求较高。断路器在分、合闸过程中会有
严重的触头撞击，很可能会引起试验测试线夹的松动和脱落，所以在试验
过程中必须确保线夹的稳定。

3. 试验数据分析和处理

（1）测试结果应与断路器说明书给定值进行比较，应满足厂家规定要求。

（2）若上述测试项目中存在不符合厂家要求的测试数据时，应首先检
查接线情况、参数设置、仪器状况等是否符合测试要求。

（3）当合闸时间、合闸速度不满足规范要求时，可能造成的原因有：
①合闸电磁铁顶杆与合闸掣子位置不合适；②合闸弹簧疲劳；③分闸弹簧
拉紧力过大；④开距或超程不满足要求。应综合分析上述原因，按照厂家
技术要求，对合闸电磁铁，分、合闸弹簧，机构连杆进行调整。

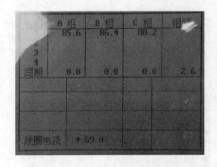
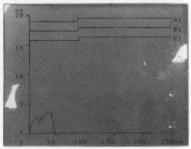

(a)合闸数据

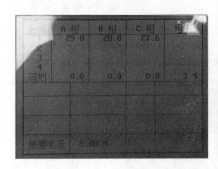
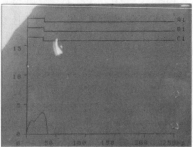

(b)分闸数据

图 4-16　测试结果显示

（4）当分闸时间、分闸速度不满足规范要求时，可能造成的原因有：①分闸电磁铁顶杆与分闸掣子位置不合适；②分闸弹簧疲劳；③开距或超程不满足要求。应综合分析上述原因，按照厂家技术要求，对分闸电磁铁、分、合闸弹簧、机构连杆进行调整。

（5）当合、分时间不满足规范要求时，可能造成的原因有：①单分、单合时间不满足规范要求；②断路器操动机构的脱扣器性能存在问题。应综合分析上述原因，按照厂家技术要求，对单分、单合时间进行调整或者对脱扣器进行调节。

（6）当不同期值不满足规范要求时，可能造成的原因有：①三相开距不一致；②分相机构的电磁铁动作时间不一致。应综合分析上述原因，按照厂家技术要求，对分闸电磁铁，分、合闸弹簧，机构连杆进行调整。

（7）当行程特性曲线不满足规范要求时，可能造成的原因有：①断路器对中调整的不好；②断路器触头存在卡涩。应综合分析上述原因，按照厂家技术要求对断路器分、合闸弹簧，拐臂，连杆，缓冲器进行调整。

（8）分、合闸电磁铁动作电压不满足规范要求，宜检查动、静铁芯之间的距离，检查电磁铁芯是否灵活，有无卡涩情况，或者通过调整分、合闸电磁铁与动铁芯间隙的大小来调整动作电压，缩短间隙，动作电压升高，反之降低；调整间隙后，应进行断路器分、合闸时间测试，防止间隙调整影响机械特性。

（9）检测工作完成后，应在 15 个工作日内完成试验报告整理及录入，报告格式见附录 B。

任务五　最低动作电压试验

》【任务描述】

断路器低电压动作特性试验能够验证断路器能否正常动作。如果断路器动作电压过高或过低，就会引起断路器误分闸和误合闸，以及在断路器发生故障时拒绝分闸，造成事故，甚至影响整个电网的稳定运行。《输变电状态检修试验规程》（Q/GDW 1168—2013）规定断路器低电压动作电压不得低于30％的额定操作电压，不得高于额定操作电压的65％（操动机构分、合闸电磁铁或合闸接触器端子上的最低动作电压应在操作电压额定值的30％～65％之间），在使用电磁机构时，合闸电磁铁线圈通流时的端电压为操作电压额定值的80％（关合峰值电流等于或大于50kA时为85％）时应可靠动作；储能用的电源电压为额定电压的85％～110％时应可靠储能。

≫【技能要领】

一、试验前准备工作

（1）断路器试验前先检查断路器分、合状态。

（2）查看并抄录断路器铭牌参数，确定该断路器机构的操作电压值和储能电机的额定电压值。

（3）根据断路器二次接线图纸资料，查找到分、合闸线圈控制电源的进线端子和接地端子、储能电机的端子，并确保各端子上无电压或者GIS汇控柜内的相应的控制电源空气开关断电，如图4-17所示。断路器试验过程中，要确保端子上无压。

图 4-17　断路器空开状态

二、试验步骤

（1）布置仪器和试验接线，如图 4-18 所示，确保先将测试仪器接地，首先注意先接接地端，再接仪器端。同时现场拉好临时安全围栏。

注意：该断路器的工作若有多专业班组参与时，试验前需提前沟通好，防止断路器试验过程中发生机械伤人，防止二次保护人员在断路器试验过程中误合端子控制电源。

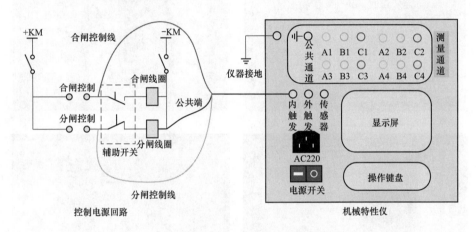

图 4-18　断路器低电压动作特性试验接线图

（2）断路器状态：①分闸位置时，测量合闸线圈电阻并记录；②合闸位置时，测量分闸线圈电阻并记录，对于有两组分闸线圈的断路器应也需记录第二组分闸线圈的线圈电阻值。

（3）将仪器控制电源线接到相应的接线端子上，按照仪器使用说明书对仪器的控制方式进行设置。

（4）断路器低电压动作电压的初始值为断路器额定操作电压的 30% 开始操作，即断路器铭牌上的操作电压 110V 时，起始电压为 33V，确保在 $30\%U_N$ 以下断路器不动作；操作电压 220V 时，其起始电压为 66V。以额定操作电压为 110V 为例，另 30% 额定操作电压值要试验三次，确保断路器可靠不动作；之后再依次按相同的电压增幅增加电压值，每调节到某个电压值时均需进行试验，直到断路器动作，试验完成后及时记录试验数据

（合、分闸低电压动作电压值），并将试验结果与规程和历史数据进行比较分析，从而判断断路器是否正常。图 4-19 为低电压动作特性仪器操作顺序图，以额定操作电压为 110V 为例，测量仪器采用武汉大洋双端接地测试仪。

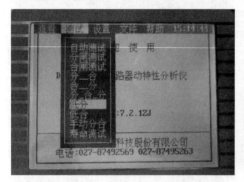
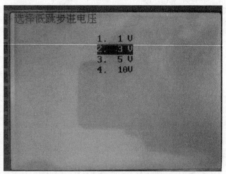

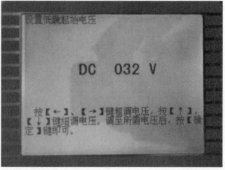

图 4-19　低电压动作操作顺序图（一）

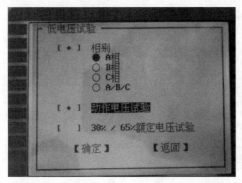

图 4-19　低电压动作操作顺序图（二）

（5）低电压动作试验结束后，先断开试验电源，拆除所有试验接线，恢复现场至试验前状态，并清理现场。

三、试验数据分析和处理

（1）测试结果应与断路器说明书给定值进行比较，应满足厂家规定要求。

（2）若上述测试项目中存在不符合厂家要求的测试数据时，应首先检查接线情况、参数设置、仪器状况等是否符合测试要求。

（3）分、合闸电磁铁动作电压不满足规范要求，宜检查动、静铁芯之间的距离，检查电磁铁芯是否灵活，有无卡涩情况，或者通过调整分、合闸电磁铁与动铁芯间隙的大小来调整动作电压，缩短间隙，动作电压升高，反之降低；调整间隙后，应进行断路器分、合闸时间测试，防止间隙调整影响机械特性。

（4）检测工作完成后，应在 15 个工作日内完成试验报告整理及录入，报告格式见附录 B。

四、案例分析

1. 案例描述

某 220kV 变电站一条 220kV 线路断路器（弹簧机构）在停电例行试验

过程中，对断路器进行低电压动作测试时，测试断路器的额定动作电压为 220V，断路器的 80%额定电压合闸正常，在分闸线圈 1 进行分闸低电压动作测试时，在分闸线圈 1 正负极加 30%额定电压时，断路器动作，即分闸线圈 1 在低于 30%额定电压时动作。试验数据如表 4-1 所示。

表 4-1   测 试 结 果

测试位置	直流电阻（Ω）			绝缘电阻（MΩ）			动作值（V）		
	A相	B相	C相	A相	B相	C相	A相	B相	C相
分闸线圈 1	69.2	69.6	68.9	1000	1000	1000	51	51	51
分闸线圈 2	68.9	69.6	68.8	1000	1000	1000	91	90	91
合闸线圈	117	117	118	1000	1000	1000	78	77	77

2. 原因分析

分、合闸线圈是断路器机构中的重要元件之一，从能量转换来看，主要是把电源的电能转化为磁能，磁能带动铁芯动作，撞击分、合闸机构连杆，由此来完成断路器分、合闸操作的过程。由于撞击机械连杆机构的冲量是不变的，铁芯质量是不变的，断路器在运行时，分、合闸线圈的匝数也是不会发生变化的，故断路器运行时的动作电压主要影响因素为线圈电阻和铁芯行程大小。

在本次测试试验中，分、合闸线圈的直流电阻均正常，且和出厂值差异不大，因此为断路器机构内的铁芯行程的大小不符合标准造成低电压动作电压达不到合格标准。

最终断路器厂家对分闸线圈 1 的行程进行调节后重新进行试验，低电压动作值恢复正常，测试结果如表 4-2 所示。

表 4-2   调整后测试结果

测试位置	动作值（V）		
	A相	B相	C相
分闸线圈 1	75	78	78

任务六 测量 GIS 断路器的绝缘电阻

》【任务描述】

GIS 断路器绝缘电阻的测量的主要目的是检查拉杆对地绝缘。绝缘电阻应在合闸与分闸状态下分别进行。在合闸状态下可以通过绝缘电阻的测量发现拉杆对地的绝缘；在分闸状态下可以通过绝缘电阻的测量检查各端口之间的绝缘。根据国网（运检/3）829—2017《国家电网公司变电检测管理规定》，测量断路器整体绝缘电阻值，其值应无明显下降或符合设备技术文件要求。

》【技能要领】

详见项目三任务三。

任务七 GIS 断路器的耐压、局放试验

》【任务描述】

因罐式 SF_6 断路器 GIS 的充气外壳是接地的金属壳体，内部导电体与壳体的间隙较小，一般运输到现场的组装充气，因内部有杂物或运输中内部零件移位，将改变电场分布。现场进行对地耐压试验和对断口间耐压试验能及时发现内部隐患和缺陷。

依据 IEC 517《72.5kV 及以上气体绝缘金属封闭开关设备》、GB 7674—2008《72.5kV 及以上气体绝缘金属封闭开关设备》、GB 50150—2016《电气装置安装工程电气设备交接试验标准》、DL/T 555—2004《气体绝缘金属封闭电器现场交流耐压试验导则》，现场试验采用变频串联谐振方法进行交流耐压试验。

GIS 耐压值为出厂值试验电压（U_f）110kV，GIS 断路器断口和相间耐压值为 230kV；220kV GIS 断路器断口和相间耐压值为 460kV；500kV GIS 断路器相间耐压值为 710kV；1000kV GIS 断路器相间耐压值为 1100kV（500kV 及 1000kV GIS 断路器断口耐压试验为型式试验，这里不做介绍）。

GIS 大修后的耐压试验的试验电压为出厂试验电压的 80%，即 110kV 设备耐压值为 184kV，220kV 设备耐压值为 368kV。

≫【技能要领】

一、试验前准备

1. 工作负责人负责监督现场各项安全措施的落实

（1）试验现场不准吸烟，并备有足够的灭火器材。

（2）试验前必须加设安全遮栏，并挂"止步，高压危险"标示牌，试验时并有专人看守，试验现场必须戴安全帽，高空作业必须挂安全带。

（3）试验结束以后，不要马上靠近或接近高压设备，以防止意外发生，确保残余电压泄放安全，方可进行拆线。

（4）被试 GIS 已安装到位，具备耐压试验条件：

1）GIS 应完全安装好，SF$_6$ 气体充气到额定密度，已完成主回路电阻测量、各元件试验以及 SF$_6$ 气体微水含量和检漏试验。

2）在 GIS 主变压器出线套管侧单相加压，非试验相可靠接地、所有电流互感器二次绕组短路接地，电压互感器二次绕组开路并接地。

3）交流耐压试验前，应将这些设备与 GIS 隔离开来：①高压电缆和架空线；②电力变压器和电磁式电压互感器；③避雷器和保护火花间隙。

4）GIS 的每一新安装部分都应进行耐压试验，同时，对扩建部分进行耐压试验时，相邻设备原有部分应断开并接地。否则，对于突然击穿给原有部分设备带来的不良影响应采取特殊措施。

（5）TA 二次侧要求短路接地。

（6）试验一相时，其他两相非试验项目、二次侧一起接地。

（7）现场提供 AC380V 30A 以上容量的试验电源。

（8）被试设备提前布置 GIS 耐压闪络定位系统。

2. 试验人员及组织安排

试验工作需试验人员 7 人、操作 1 人、操作监视 1 人、改接线 2 人、安全监护 2 人、工作负责人 1 人。

3. 设备准备

试验设备采用变频串联谐振试验方法，配置如下：

（1）变频电源（1 台）：应具备过流、过压及闪络保护功能。其输入工作电源的电压为三相 380V，频率 50Hz。变频电源输出相数为单相，输出电压范围应满足整套装置输出电压的要求，输出功率应满足整套装置最大输出容量的要求。

（2）励磁变压器（1 台）：其容量应大于或等于变频电源的容量，且阻抗应尽可能的小，以减小试验电流在励磁变压器上引起的电压变化。励磁变压器所需低压侧电压要与现场电源电压相匹配。

（3）试验电抗器（若干台）：试验电抗器的额定电抗值以及数量由现场实际串联谐振耐压情况来决定其数量配比。

（4）电容分压器（一台）：其额定电压与精度要满足试验要求。

二、试验步骤

图 4-20 为调频式串联谐振试验回路的原理图，试品上电压 U_{Cx} 和电源电压 U_e 的关系为：

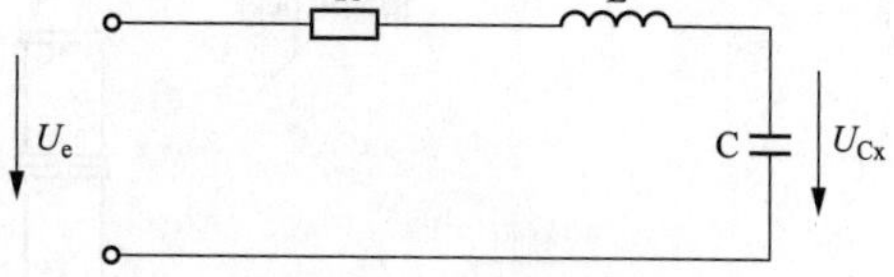

图 4-20 串联谐振原理图

$$U_{Cx} = \frac{jX_C U_e}{R + j(X_1 - X_c)}$$

当调节电源频率达到谐振状态，即 $X_1 = X_C$ 时，电压为：

$$U_{Cx} = -j\frac{X_C}{R}U_e = -jQU_e$$

式中：Q 为谐振回路的品质因素。

调频串联谐振耐压所需电源容量仅为工频试验变压器的 $1/Q$。被试品闪络击穿时，失去谐振条件，高压电压电流均迅速自动减小，因此不会扩大被试品的故障点进一步损坏被试品。

1. 试验接线

试验根据以上标准，并参照试验设备使用说明书，试验按照图 4-21 接线，采用调频式串联谐振法（电压谐振）进行耐压试验。

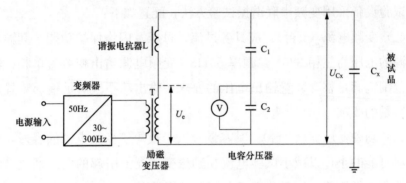

图 4-21　交流耐压及局部放电试验接线

2. 试验方案及加压程序

现场实际接线图如图 4-22 所示，GIS 现场交流耐压试验的第一阶段为老练试验，其目的是清除 GIS 内部可能存在的导电微粒或非导电微粒。老

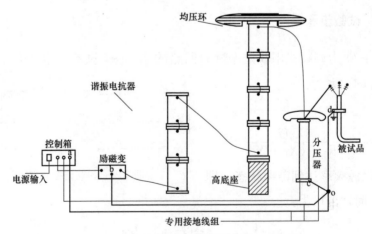

图 4-22　GIS 试验现场接线布置示意图

练试验的基本原则是既要达到设备净化的目的，又要尽量减少净化过程中微粒触发的击穿，还要减少对被试设备的损害，即减少设备承受较高电压作用的时间；所以逐级升压时，在低电压下可保持较长时间，在高电压下不允许长时间耐压。

第二阶段是耐压试验，即在老练试验过程结束后进行耐压试验，时间持续 1min。

以下提供四种加压程序的试验方案。

（1）方案一：先施加电压 $U_m/\sqrt{3}$，施加时间 t_1 为 15min。现场耐压 U_f，施加时间 t_2 为 1min，通过后电压降到 $1.2U_m/\sqrt{3}$，此时对 GIS 设备进行局部放电测量，施加时间 t_3 由局放测量时间决定，首先测量背景超声波形，录下背景超声强度图，然后对所有气室进行超声强度测量，比较背景超声波强度图，以判断内部有无局放故障存在（分相进行交流耐压试验和施加局部放电测量电压），测量结束后再将试验电压降到零，结束试验。电压与时间关系曲线如图 4-23 所示。

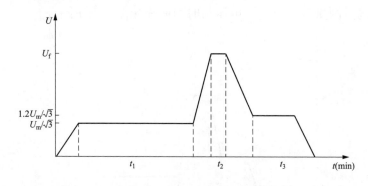

图 4-23　电压与时间关系曲线

（2）方案二：$0.25U_f$（2min）→$0.5U_f$（10min）→$0.75U_f$（1min）→U_f（1min）。先施加电压 $0.25U_f$，施加时间 t_1 为 2min，再施加电压 $0.5U_f$，施加时间 t_2 为 10min，再施加电压 $0.75U_f$，施加时间 t_3 为 1min。现场耐压 U_f，施加时间 t_4 为 1min，通过后电压降到 $1.2U_m/\sqrt{3}$，此时对 GIS 设备进行局部放电测量同方案一，施加时间 t_5 由局放测量时间决定。电压与时间

关系曲线如图 4-24 所示。

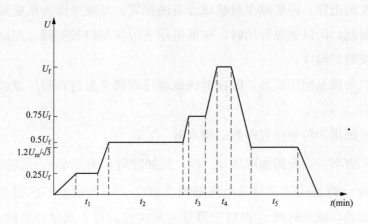

图 4-24　电压与时间关系曲线

（3）方案三：先施加电压 $U_m/\sqrt{3}$，施加时间 t_1 为 5min，再施加电压 U_m，施加时间 t_2 为 3～5min。现场耐压 U_f，施加时间 t_3 为 1min，通过后电压降到 $1.2U_m/\sqrt{3}$，此时对 GIS 设备进行局部放电测量同方案一，施加时间 t_4 由局放测量时间决定。电压与时间曲线如图 4-25 所示。

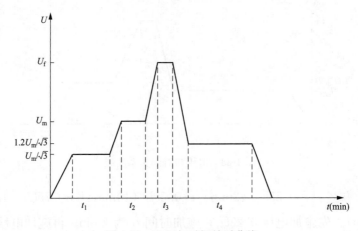

图 4-25　电压与时间关系曲线

（4）方案四：$U_m/\sqrt{3}$（5min）→U_m（15min）→U_f（1min）。先施加电压 $U_m/\sqrt{3}$，施加时间 t_1 为 5min，再施加电压 U_m，施加时间 t_2 为 15min。

现场耐压 U_f，施加时间 t_3 为 1min，通过后电压降到 $1.2U_m/\sqrt{3}$，此时对 GIS 设备进行局部放电测量同方案一，施加时间 t_4 由局放测量时间决定。电压与时间曲线如图 4-26 所示。

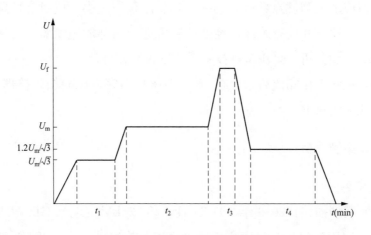

图 4-26　电压与时间关系曲线

三、局部放电测试点选择

对 GIS 设备进行测试，包括测试母线、断路器等设备的每个 GIS 气室。测量点选择母线段靠近每个支柱绝缘子的位置，断路器选择两端和中间断口 3 个位置，接地开关、隔离开关等设备选择中间的位置测量。保证每个元件都要测量，母线支柱绝缘子和拐角位置也都要测量。

四、试验结果分析及判断

（1）如 GIS 的每一部件均已按以上选定的试验程序，施加耐受规定的试验电压而无击穿放电，则认为整个 GIS 通过试验。

（2）在试验过程中如果发生击穿放电，则根据现场情况进行综合判断。遇有放电情况，如果是 GIS 外部放电造成的击穿，排除故障后，进行重复试验，重复试验通过，整个 GIS 通过耐压试验；若重复耐压失败，利用排除隔离法，将有所怀疑的气室进行切除，之后在耐压试验进行验证，从而逐步缩小故障范围直至确定故障气室，之后对有故障的气室隔离解体、检查绝缘，经处理后再一次进行规定的耐压试验。

（3）试验过程中应无明显局部放电以及悬浮颗粒飞行痕迹，对于有怀疑的气室应加大测试点数综合判断，若悬浮颗粒过多，应对有怀疑的气室隔离解体、清洁并检查绝缘，经处理后再进行局部放电试验。对局放异常的应组织专题分析，采用多种技术手段进行复核确认。

（4）检测工作完成后，应在 15 个工作日内完成试验报告整理及录入，报告格式见附录 B。

五、案例分析

1. 案例一

（1）案例描述：2019 年 9 月 24 日，某 220kV 变电站 GIS 耐压局放交接试验，加压部位为 2 号主变压器进线端。首先对 A 相 GIS 进行加压时，A 相整段母线的耐压试验发生击穿，检查接线等情况后重新开始耐压试验也无法通过。

（2）过程分析：

1）将母线分段后进行耐压试验，此时 220kV Ⅰ 段母线加压到 460kV，持续 1min 后正常通过耐压试验，确保 Ⅰ 段母线上的气室耐压、局放均正常。

2）之后将分段母联断路器合闸，对 Ⅱ 段母线上的线路断路器及主变压器断路器分别进行逐个验证，最终发现带着 1 号主变压器 220kV GIS 进线气室进行耐压试验时，发生击穿现象，其余间隔耐压、局放合格。

3）为了进一步定位故障点，断开 1 号主变压器 220kV 主变压器断路器及 1 号主变压器 220kV 断路器母线隔离开关，断开 1 号主变压器 220kV 主变压器隔离开关，重新开始加压，发现最终的故障点为 1 号主变压器 220kV GIS 进线气室。

2. 案例二

（1）案例描述：某 220kV 变电站 220kV GIS 进行现场局放试验时，超声检测发现有 7 个盆子的超声信号异常。其结果如表 4-3 所示，超声正常值小于 2mV。

表 4-3　　　　　　　　　GIS 绝缘盆子超声测量结果

设备铭牌	测量部位	测量结果
E02 副母母设	副母母线气室（A 相）	10mV
E02 副母母设	副母母线气室（B 相）	4mV
E03 220kV 线路 1	正母母线气室（A 相）	15mV
E01 1 号主变压器	正母母线气室（B 相）	15mV
E07 220kV 线路 2	正母母线气室（B 相）	14mV
E07 220kV 线路 2	正母母线气室（C 相）	5mV
E01 1 号主变压器	主变刀闸气室（C 相）	7mV

（2）过程分析：对于有局放信号的气室利用声电联合定位法来定位故障点。以 1 号主变压器正母母线气室为例。

1）超声波数据分析如图 4-27、图 4-28 所示。由图 4-27、图 4-28 检测图谱可知，1 号主变压器 220kV B 相正母隔离开关气室存在异常超声波信号，信号幅值最大为 314mV，频率成分 2 大于频率成分 1，每周期出现两簇脉冲波形，相位分布较宽，判断为金属性悬浮放电，最大值位于 1 号主变压器 220kV B 相正母隔离开关靠母线侧盆子。

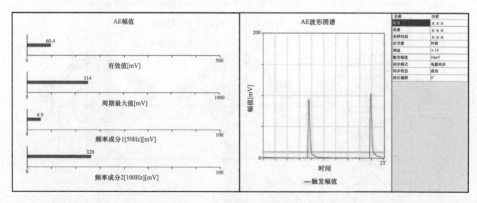

图 4-27　AE 幅值/AE 波形图谱

2）特高频数据分析如图 4-29 所示。在 1 号主变压器 220kV B 相开关气室（内置特高频传感器）检测到异常特高频信号，信号幅值最大为 63dB，每周期存在两簇信号，相位窄，幅值较大且稳定，判断为金属性悬浮放电并伴有绝缘放电。结合声电联合定位法，初步怀疑局放点在绝缘盆子上，如图 4-30 所示。

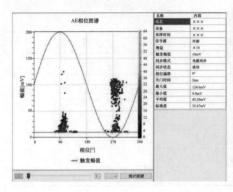

图 4-28　AE 相位图谱/信号最大点位置图

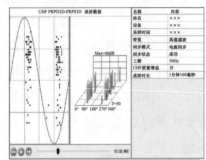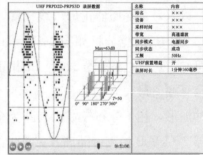

图 4-29　特高频 PRPS&PRPD 图谱

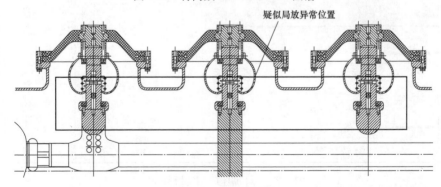

图 4-30　局放异常位置

3) 现场人员检查相应的绝缘盆子后，发现该 GIS 的绝缘盆子屏蔽环上未安装均压螺丝，造成了悬浮电位放电。之后安装好后再进行耐压局放，均合格。

项目五

开关柜内断路器试验

》【项目描述】

　　本项目包含开关柜内真空断路器及 SF_6 断路器各检测项目的分类、各检测项目前的准备、具体操作方法以及检测结果的分析判断等内容。通过概念描述、结合现场实际接线操作、数据分析以及案例分析等，了解开关柜内断路器各检测项目的分类及相关概念，掌握开关柜内断路器各试验项目的检测方法以及试验时的注意事项，掌握对检测结果的分析判断。能够通过本项目的开展，对开关柜内断路器的实际运行状况进行全面评估，为对其检修策略的制定提供依据。

　　开关柜内的断路器根据灭弧和绝缘材质的不同分为真空断路器和 SF_6 断路器。针对此两类断路器主要开展如下试验项目：主导电回路电阻试验，分、合闸电磁铁线圈的直流电阻试验，辅助回路、控制回路绝缘电阻和交流耐压试验，分、合闸时间、同期性以及速度试验，分、合闸动作电压以及主回路绝缘电阻及交流耐压试验。

　　根据试验类型的不同，例如例行试验、诊断性试验以及交接试验不同要求选取不同的试验项目，具体试验项目的选取以相关规程的规定为准。现场对开关柜内断路器状态进行检测时，可根据试验目的具体选取不同的检测项目，各检测项目的结果可表征断路器不同部件的特性，通过检测结果从而对断路器的实际状态进行预判，通过各检测项目获取的开关柜内断路器的状态量对设备状态进行评估，从而提出针对各设备的检修策略。

　　本项目所使用的仪器介绍及基本操作要领在项目二中已经有具体介绍，本项目中涉及具体仪器使用时仅介绍仪器实际的操作，对仪器的介绍及基本操作要领不再赘述。

任务一　主导电回路电阻试验

》【任务描述】

　　开关柜内断路器的回路电阻主要取决于其动、静触头间的接触电阻，主导电臂上连接部位的松动也会对测试结果造成一定的影响。变电站内10kV 侧的主变压器断路器和母分断路器正常运行时电流可达 2000A 以上，接触电阻的增加，在正常运行状态下，会增加通电损耗，并使接触处温度升高，直接影响断路器正常工作时的载流能力。同时也在一定程度上影响了异常状态下短路电流的切断能力，因此开关柜内的断路器主导电回路接触的好坏是影响断路器安全运行的一个重要因素。

根据 Q/GDW 168—2013《输变电设备状态检修试验规程》规定，断路器主导电回路电阻试验的试验周期为 4 年，当红外热像显示断口温度异常、相间温差异常，或自上次试验之后又有 100 次以上分、合闸操作，应进行断路器主导电回路电阻试验。主回路电阻的测量宜采用电流不小于 100A 的直流电压降法进行测量，其回路电阻应不大于制造商规定值。

≫【技能要领】

一、主导电回路电阻试验前准备

（1）现场试验前，应详细了解设备的运行情况，据此制定相应的安全措施和技术措施。

（2）准备与该项目对应的标准化作业执行卡，整理历史测试数据。

（3）准备该项目所使用的仪器仪表以及相关安全工器具，本项目使用的仪器为利用电压降原理的回路电阻测试仪，且要求测试电流不小于100A。

（4）检查环境、人员、仪器满足测试条件。

（5）环境温度不宜低于 5℃，环境相对湿度不大于 80%，现场区域满足测试安全距离要求，待试断路器处于停电检修状态，断路器的控制电源已完全断开。

（6）现场具备安全可靠的独立检测电源，禁止从运行设备上接取检测电源。

（7）按照安全生产管理规定办理工作许可手续。

二、主导电回路电阻试验的操作及数据分析

1. 试验接线

测试断路器主导电回路的回路电阻应使用回路电阻测试仪，测试电流要求不小于100A。且应在设备合闸并可靠导通的情况下，测量每相的回路电阻值。测量时将电流线（较粗的线）夹到对应的I＋、I－接线柱，电压线接到V＋、V－接线柱，两把夹钳夹在断路器各相两个触头上，若电压线和电流线是分开接线的，则电压线要接在触头的内侧，电流线应接在电压线的外侧，电流线的导线截面应足够大。测试接线如图5-1所示。

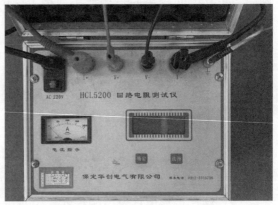

图 5-1　开关柜内断路器主回路电阻测试接线图

2. 试验步骤

（1）测试前确认断路器处于试验位置且二次插头已取下。

（2）对被试设备进行放电，并正确记录现场温、湿度以及设备铭牌信息。

（3）检查确认被试断路器处于合闸状态。

（4）清除被试设备接线端子接触面的污渍及金属氧化层，先将测试仪器可靠接地，再按照图5-1完成试验接线，并检查试验接线是否正确、牢固。

（5）接通试验电源，选择适当的电流档位进行回路电阻测试。待电阻

值稳定后读出测试数据，仪器显示如图 5-2 所示。利用仪器上选择及确定键分别移动至对应位置进行设置，设置完毕后，当光标处于"开始测试"时，按确定键即可开始测试，测试时间到会自动停止测试，分别完成每相的回路电阻值并做好记录。

图 5-2　回路电阻测试仪显示图

（6）每次测试完毕按复位键并充分放电。

（7）关闭检测电源，拆除试验测试线，并将被试断路器恢复至测试前状态。

3. 注意事项

（1）若被试设备配合有其他的检修工作，应在主回路检修工作全部完成后再进行该项检测工作。

（2）在没有完成全部接线时，不允许在测试接线开路的情况下通电，否则会损坏仪器。

（3）应确保操作人员及测试仪器与电力设备的高压部分保持足够的安全距离。

（4）测试前，应将设备外壳可靠接地后，方可进行其他接线。

（5）测试线应接触良好、连接牢固，防止测试过程中突然断开损坏设备。

（6）测试时，为防止被测断路器突然分闸，应断开被测设备操作回路的电源。

（7）双臂电桥由于在测量回路通过的电流较小，难以消除电阻较大的氧化膜，测出的电阻值偏大，因此应使用利用电压降原理的回路电阻测试仪进行回路电阻测试。检测电流应该取 100A 至额定电流之间的任一电流值。

（8）测试前要清除断路器触头和接线端子接触面的油漆及金属氧化层，保证接触面清洁。

（9）测试前先将仪器可靠接地。

（10）测量时禁止将电流线夹在断路器触头弹簧上，防止测试过程中接触不良放电烧损触头压紧弹簧。

4. 数据分析和处理

（1）主回路电阻测量值不大于制造厂出厂值的 1.2 倍或按制造厂规定，当测试结果出现异常时，应与一并检修的同厂同型设备、同一设备的不同相进行比较，做出判断。

（2）若回路电阻测试值超出制造厂规定或大于出厂值的 1.2 倍，可尝试找出回路电阻值增大的原因，一般主要有以下三种原因。

1）电压或者电流夹钳未夹紧或者夹子与触头之间接触面上有锈蚀或者脏污。

2）导电回路连接处螺丝松动导致某个或某几个接触面接触不可靠。

3）断路器灭弧室触头间存在氧化层，导致接触不良。

（3）当出现回路电阻阻值增大时，不能直接判断断路器故障，首先需排除接线端子接触不良这种情况的影响。

（4）若测试结果仍偏大，将被试设备进行分、合操作若干次，重新测量。

（5）若仍偏大，可分段查找以确定接触不良的部位，即利用电压线和电流线分开接线的回路电阻测试仪，保持电流接线端子不变，移动电压接线端子，分别测试各段的回路电阻值，与每段回路电阻的经验值比较，找出回路电阻增大的部位。若是灭弧室外部接触面电阻增大，可对紧固螺丝紧固或接触面处理后再行测试；若是灭弧室内触头所在位置增大，可再行增加分、合断路器次数，或增大测试电流值进行测试。

（6）当明确回路电阻较大的部位后，应对接触部位解体进行检查，对于灭弧室外部的接触面，应严格按照母线加工工艺进行清洁、打磨处理。对于断路器灭弧室内部回路电阻超标的，应按照厂家工艺解体检查，必要时更换动极柱。

（7）检测工作完成后，应在 15 个工作日内完成试验报告整理及录入，报告格式见附录 A、附录 B。

任务二　分、合闸电磁铁线圈的直流电阻试验

> 【任务描述】

参考项目三任务二。

任务三　辅助回路、控制回路绝缘电阻和交流耐压试验

> 【任务描述】

辅助回路及控制回路是断路器重要组成部分，保护及测控装置的指令需通过辅助及控制回路的传输来实现，其状况直接关系到保护动作后断路器动作的可靠性，若绝缘电阻过低在辅助或者控制回路产生寄生回路，可能造成断路器拒动或者误动，同时断路器的储能以及闭锁的可靠性也与储能回路及闭锁回路的状况相关。因此需对辅助回路、控制回路绝缘状况进行检测以保证断路器在保护动作后可靠动作，在正常运行时不会发生误动。对其绝缘状态的检查主要包括绝缘电阻测试和交流耐压试验。

根据国家电网有限公司 Q/GDW 168—2013《输变电设备状态检修试验规程》中规定，检查辅助回路和控制回路电缆、接地线是否完好；用 1000V 兆欧表测量电缆的绝缘电阻应无显著下降，该规程绝缘电阻测试的试验周期为 4 年。而 Q/GDW 11447—2015《10kV-500kV 输变电设备交接试验规程》中规定，辅助回路和控制回路绝缘电阻不低于 10MΩ，用 2500V 兆欧表，同时代替交流耐压试验。

> 【技能要领】

一、辅助回路、控制回路绝缘电阻及交流耐压试验前准备

（1）现场试验前，应详细了解设备的运行情况，据此制定相应的安全

措施和技术措施。

（2）准备与该项目对应的标准化作业执行卡，整理历史测试数据，准备待试验断路器二次回路相关图纸。

（3）准备该项目所使用的仪器仪表以及相关安全工器具，本项目使用的仪器为绝缘电阻表，绝缘电阻表可分为手摇式绝缘电阻表和数字式绝缘电阻表。根据不同的被试品，按照相关规程的规定来选择适当输出电压的绝缘电阻表，绝缘电阻表的精度不应小于 1.5%。本项目若需同时完成绝缘电阻及交流耐压测试，绝缘电阻表输出电压需要达到 2500V。

（4）检查环境、人员、仪器满足测试条件。

（5）环境温度不宜低于 5℃，环境相对湿度不大于 80%，现场区域满足测试安全距离要求，待试断路器处于停电检修状态，断路器的控制电源已完全断开。

（6）现场具备安全可靠的独立检测电源，禁止从运行设备上接取检测电源。

（7）按照安全生产管理规定办理工作许可手续。

二、辅助回路、控制回路绝缘电阻及交流耐压试验的操作及数据分析

1. 试验接线

测试断路器辅助回路、控制回路绝缘电阻及交流耐压试验使用绝缘电阻表，首先通过二次图纸找出需测试回路的端子号，本任务仅以 ABB 公司 VD4 型断路器合闸回路测试为例，若怀疑其他回路可能存在绝缘问题时，可与此类似进行测试。测试前先将仪器可靠接地（本文中所使用的绝缘电阻表外壳为全绝缘结构，可不进行接地），并对绝缘电阻表进行检测，具体检测方式详见项目二任务三绝缘电阻表使用及注意事项。

测试时，将绝缘电阻表接地端可靠接地，将合闸回路在航空插上对应端子可靠短接后，接至绝缘电阻表加压端子，选择合适电压即可开始测试。

2. 试验步骤

（1）测试前确认断路器处于试验位置且二次插头已取下。

（2）对被试设备进行放电，并正确记录现场温湿度以及设备铭牌信息。

（3）查阅断路器二次图纸，明确需测试的各辅助回路及控制回路在航空插上所对应的端子号。

（4）为防止测试过程中造成断路器动作，测试时需使断路器处于分闸状态并将机构储能释放。

（5）因本试验需施加高压，试验前将试验区域设置封闭的安全围栏并做好监护。

（6）测试时先将测试仪器可靠接地（本文中所使用的绝缘电阻表外壳为全绝缘结构，可不进行接地），首先将绝缘电阻表接地端可靠接地，以 ABB 公司 VD4 型断路器合闸回路为例，将航空插上合闸回路两端对应的端子 4 和端子 14 可靠短接后接至绝缘电阻表加压端，绝缘表接地端可靠接地，将绝缘表档位选择至 1000V，持续 1min，读出绝缘电阻表的示数即为该回路的绝缘电阻，选择 2500V 加压 1min 即可完成对该回路的交流耐压试验。

（7）每项测试完毕后，对加压位置充分放电并记录测试数据。

（8）按照上述步骤完成其他回路测试。

（9）关闭检测电源，放电、接地，拆除试验测试线，并将被试断路器恢复至测试前状态。

3. 注意事项

（1）测试前要确认断路器已处于试验位置且二次插头已取下。

（2）应确保操作人员及测试仪器与电力设备的高压部分保持足够的安全距离。

（3）测试前，应将设备外壳可靠接地后，方可进行其他接线。

（4）测试前需保证断路器处于分闸位置且机构储能已完全释放。

（5）因本项目需施加高压，测试前需设置安全围栏并做好监护。

（6）高压引线应尽量缩短，并采用专用的高压试验线，必要时用绝缘物支挂牢固。

（7）测试人员在加压过程中需站在绝缘垫上，测试完毕及测试过程中更改接线时需充分放电并保证加压端可靠接地，放电及更改接线时需戴绝缘手套。

（8）测试时测试端夹子必须接触良好，短接线短接可靠，因航空插上各端子临近距离较小，测试过程中需采取防止短接线及绝缘电阻表加压端触碰至航空插其他端子的措施，必要时利用绝缘胶布对其进行绝缘包扎。

（9）试验现场出现明显异常情况时（如异响、测试电压波动、测试系统接地等），应立即停止试验工作，查明异常原因。

（10）避免拆接短路器二次接线，因测试需要断开设备接头时，拆前应做好标记，接后应进行检查。

（11）开始加压前，应通知有关人员离开被试设备，并取得测试负责人许可，方可加压，测试过程中应有人监护并呼唱，断路器处禁止进行其他工作。

（12）试验结束后，试验人员应拆除自装的测试线，并对被试品进行检查，恢复至试验前的状态，经试验负责人复查无误后，进行现场清理。

4. 试验数据分析和处理

（1）在例行试验中，用1000V绝缘电阻表对各辅助回路及控制回路绝缘电阻进行测试，与历史数据相比应无显著下降。

（2）当测试数据不满足要求时，应首先检查接线情况、参数设置、仪器状况等是否符合测试要求。

（3）交接试验过程中，绝缘电阻测试和交流耐压试验可同步实施，试验电压为2500V，加压时间为1min，辅助回路和控制回路绝缘电阻不低于10MΩ为合格；对于交流耐压试验，加压过程中测试电压无波动，被测试回路无异常发热、异味，测试过程中绝缘电阻值无明显降低，无击穿等现象，认为交流耐压试验通过。

（4）由于温度、湿度、脏污等条件对绝缘电阻的影响很明显，因此当测试数据偏低时不能简单的认为绝缘存在问题，应排除这些因素的影响，特别应考虑温度的影响。温度的换算可参考式（5-1）进行：

$$R_2 = R_1 \times 1.5^{(t_1-t_2)/10} \tag{5-1}$$

式中：R_1、R_2 分别对应温度为 t_1、t_2 时的绝缘电阻值（MΩ）。

（5）排除各项干扰后绝缘电阻仍偏低时，可咨询厂家技术人员，对回路进行分段排查，必要时对辅助回路或控制回路上电缆或其他元器件进行更换。

（6）检测工作完成后，应在 15 个工作日内完成试验报告整理及录入，报告格式见附录 A、附录 B。

任务四　分、合闸时间、同期性以及速度试验

》【任务描述】

断路器设备出厂时，厂家均对分、合闸时间，同期性以及分、合闸速度有一个范围值的规定，规程也对分、合闸同期性有所要求，运行时必须处于该时间范围内，过大或者过小均会影响断路器可靠运行。断路器分、合闸严重不同期，将造成线路或者变压器的非全相接入或切断，从而可能出现过电压。分、合闸速度过高会引起弹跳增大，弹跳过大使得动、静触头间反复的碰撞，会引起燃弧同时加剧触头的磨损。分、合闸速度过低，则不能切断故障电流，引起越级跳闸或爆炸等事故。

通过断路器分、合闸时间、同期性试验以及速度试验可发现断路器机构上的潜在缺陷。根据 Q/GDW 168—2013《输变电设备状态检修试验规程》规定，该试验的试验周期为 4 年，进行例行试验时，需在额定操作电压下测试时间特性，要求分、合指示正确，辅助开关动作正确，分、合闸时间符合厂家出厂值要求，分、合闸不同期，分、合闸速度满足技术文件要求且没有明显变化，必要时，测量行程特性曲线做进一步分析。

》【技能要领】

一、分、合闸时间、同期性试验以及速度试验前准备

（1）现场试验前，应详细了解设备的运行情况，据此制定相应的安全

措施和技术措施。

（2）准备与该项目对应的标准化作业执行卡，整理历史测试数据，准备待试验断路器二次回路相关图纸。

（3）准备该项目所使用的仪器仪表以及相关安全工器具，本项目使用的仪器为断路器特性测试仪，要求配置足够数量的断口时间测试通道；测量时间不小于断路器分、合闸时间；分辨率为0.01ms；时间测量误差：200ms以内为±0.1ms，200ms以上为±2%；同期性时间测量误差：测试仪同期性时间不大于±0.1ms；速度测量误差：0～2m/s以内为±0.1m/s，2m/s以上为±0.2m/s，速度测试时应至少配备直线及旋转传感器，同时应具备与所测试断路器相配套的传感器支架。同时为满足断路器储能及解除闭锁的需求，对于储能及闭锁回路为直流的断路器还需准备一套直流电源。

（4）检查环境、人员、仪器满足测试条件。

（5）环境温度不宜低于5℃，环境相对湿度不大于80%，现场区域满足测试安全距离要求，待试断路器处于停电检修状态，断路器的控制电源已完全断开。

（6）现场具备安全可靠的独立检测电源，禁止从运行设备上接取检测电源。

（7）按照安全生产管理规定办理工作许可手续。

二、分、合闸时间、同期性试验以及速度试验的操作及数据分析

1. 试验接线

测试断路器分、合闸时间、同期性试验以及速度试验使用断路器特性测试仪，测试前先将仪器可靠接地，然后将断路器一侧三相短路接地，最后进行其他接线，以防感应电损坏测试仪器。

在进行速度传感器安装时，因速度传感器需要安装至断路器机构上，因此，在打开断路器机构面板前，为防止机构动作对测试人员造成机械伤害，要将断路器机构能量完全释放，然后再进行安装，具体安装位置要根

据断路器的结构来决定，根据结构选择直线传感器或者曲线传感器。

测试时将分、合闸时间测试线在开关设备端通过夹子按照相别分别固定到断路器三相触头上，另一端接至断路器测试仪对应时间测试端口，速度测试线一端接至速度传感器对应位置，另一端接至断路器测试仪对应速度测试端口。断路器另一端短接接地或者接至断路器测试仪的公共端，分、合闸控制输出端接至航空插上对应插针控制断路器开断。插针上对应端子需通过厂家提供的二次回路图纸进行确认，以 ABB 公司 VD4 型断路器为例，图纸如图 5-3 所示。

如图 5-3 所示，端子 4、14 之间为合闸控制回路，端子 30、31 之间为分闸控制回路，端子 25、35 之间为储能回路，端子 10、20 之间为闭锁回路（部分断路器为 20、49 之间）。

注意，进行断路器合闸测试时弹簧要处于储能状态，且需要在闭锁回路上通入电压，断路器才可动作，测试接线如图 5-4 所示。

2. 试验步骤

（1）测试前确认断路器处于试验位置且二次插头已取下。

（2）对被试设备进行放电，并正确记录现场温湿度以及设备铭牌信息，重点关注断路器控制电压、储能电压及闭锁回路电压情况。

（3）查阅断路器二次图纸，明确分、合闸回路、储能回路以及闭锁回路在航空插上所对应的端子号，在每次测试前均需用万用表对分、合闸回路进行测试以确认回路是否导通，对部分分、合闸回路中有存在整流装置的，无法测出电阻。

（4）合闸时间、合闸同期性及合闸速度测试：先将测试仪器可靠接地，再按照图 5-4 所示完成接线，以 ABB 公司 VD4 型断路器为例，合闸控制输出端接至 4、14 端子，直流源设置为 110V 电压并接至闭锁回路 10、20 端子，试验前保证断路器处于储能状态，操作断路器特性测试仪，选择合闸测试，将动作电压调整至 110V，使断路器合闸。

（5）分闸时间、分闸同期性及分闸速度测试：先将测试仪器可靠接地，再按照图 5-4 所示完成接线，以 ABB 公司 VD4 型断路器为例，分闸控制输

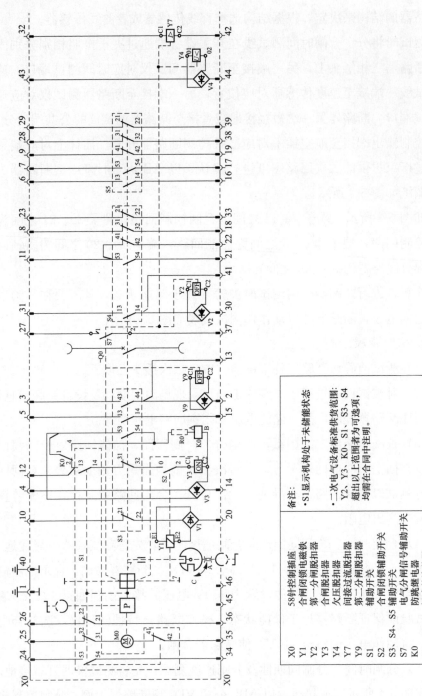

图 5-3　ABB公司 VD4 型断路器二次图纸

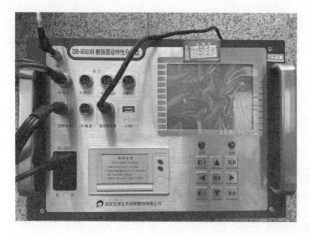

图 5-4　开关柜内断路器分、合闸时间、同期性试验以及速度测试接线图

出端接至 30、31 端子，操作断路器特性测试仪，选择分闸测试，将动作电压调整至 110V，使断路器合闸。

（6）测试完毕，记录并打印测试数据。

（7）关闭检测电源，拆除试验测试线，并将被试断路器恢复至测试前状态。

3. 注意事项

（1）测试前要确认断路器已处于试验位置且二次插头已取下。

（2）应确保操作人员及测试仪器与电力设备的高压部分保持足够的安全距离。

（3）测试前，应将设备外壳可靠接地后进行其他接线。

（4）速度传感器需安装至断路器机构上，为防止机构动作对测试人员造成机械伤害，在打开断路器机构面板前，要将断路器机构能量完全释放，再进行速度传感器的安装。速度传感器安装要稳固可靠，防止断路器动作时传感器松脱对断路器机构甚至是测试人员人身造成伤害。

（5）测速时，根据被试断路器的制造厂不同、断路器型号不同，需要进行相应的"行程设置"。

（6）测试前必须认真检查测试接线，尤其是接入断路器的分、合闸控制电源、储能电源、闭锁电源等，接入位置应正确无误，电压等级应与铭牌显示一致，仪器分、合控制与控制线上的分、合输出端一致。

（7）测试时测试端夹子必须接触良好，短接接地端短接处必须接触良好，接地应可靠，必要时可先去除断路器触头接触处接触面的污渍及金属氧化层。

（8）航空插上各端子临近距离较小，测试过程中需采取防止控制电源加压端夹子触碰至航空插其他端子的措施，必要时利用绝缘胶布对其进行绝缘包扎。

（9）注意在合闸测试时需要断路器处于分闸位置，断路器已储能，闭锁回路需通电，分闸测试时断路器需处于合闸状态，在接通控制电源前，先用万用表分别再次确认分、合闸回路是否导通，电阻应和线圈直流电阻接近（部分断路器回路中串有整流模块，可能无法测出电阻，出现此种情况需进一步和二次图纸进行比对，必要时可咨询厂家技术人员）。

（10）输入控制电源时，电源电压应为断路器的额定电压。

（11）避免拆接短路器二次接线，因测试需要断开设备接头时，拆前应做好标记，接后应进行检查。

（12）测试前，应通知有关人员离开被试设备，取得测试负责人许可后方可开机测试，测试过程中应有人监护并呼唱，断路器处禁止进行其他工作。

（13）试验结束后，试验人员应拆除自装的测试线，并对被试品进行检查，恢复至试验前的状态，经试验负责人复查无误后，进行现场清理。

4. 试验数据分析和处理

（1）一般综合测试仪可自动记录三相分、合闸时间以及分、合闸速度并计算出同期性。根据规程要求，分、合闸时间，分、合闸速度应在制造厂规定范围内；除制造厂另有规定外，断路器的分、合闸同期性还应满足下列要求：

1）相间合闸不同期不大于 5ms；

2）相间分闸不同期不大于 3ms。

（2）当测试数据不满足要求时，应首先检查接线情况、参数设置、仪器状况等是否符合测试要求。

（3）当分、合闸时间或者同期性不满足要求时，不能直接判断断路器故障，首先需排除接线端子接触不良这种情况的影响，若多次测量分、合闸时间不稳定，较大概率为测试线或短接接地线接触不良。

（4）当分、合闸时间较为稳定，而分、合闸速度不同次测试结果分散性较大且不符合要求时，可能是速度传感器底座固定不牢固，要重新检查速度传感器并将其牢固固定。

（5）当合闸时间、合闸速度不满足规范要求时，可能造成的原因有：①合闸电磁铁顶杆与合闸掣子位置不合适；②合闸弹簧疲劳；③合闸弹簧拉紧力过大；④开距或超程不满足要求。应综合分析上述原因，按照厂家技术要求，对合闸电磁铁、分/合闸弹簧、机构连杆进行调整。

（6）当分闸时间、分闸速度不满足规范要求时，可能造成的原因有：①分闸电磁铁顶杆与分闸掣子位置不合适；②分闸弹簧疲劳；③开距或超程不满足要求。应综合分析上述原因，按照厂家技术要求，对分闸电磁铁、分/合闸弹簧、机构连杆进行调整。

（7）当不同期值不满足规范要求时，可能造成的原因有：①三相开距不一致；②分相机构的电磁铁动作时间不一致。应综合分析上述原因，按照厂家技术要求，对分闸电磁铁、分/合闸弹簧、机构连杆进行调整。

（8）当行程特性曲线不满足规范要求时，可能造成的原因有：①断路器对中调整不得当；②断路器触头存在卡涩。应综合分析上述原因，按照厂家技术要求对断路器分/合闸弹簧、拐臂、连杆、缓冲器进行调整。

（9）检测工作完成后，应在 15 个工作日内完成试验报告整理及录入，报告格式见附录 A、附录 B。

任务五　分、合闸动作电压试验

≫【任务描述】

本任务主要讲解开关柜中断路器分、合闸电磁铁动作电压的相关知识。通过对开关柜中断路器分、合闸电磁铁动作电压试验的概述，使读者熟悉开关柜中断路器分、合闸电磁铁动作电压试验的接线和步骤，并了解开关柜中断路器二次图纸中相关回路的识别，掌握开关柜中分、合闸电磁铁动作电压试验数据的分析及异常的处理。

≫【知识要点】

分、合闸动作电压：施加在断路器分、合闸回路两端，能够使分、合闸机构动作的电压。

分、合闸最低动作电压：施加在断路器分、合闸回路两端，能使断路器正常动作的最低电压。

断路器分、合闸动作电压是关系到断路器能否可靠运行的重要参数。为防止断路器正常运行时分、合闸线圈中因耦合等原因产生的电压造成其误动，分、合闸动作电压设置不能太低；同时为保证控制电源电压存在一定波动时，断路器仍能根据指令可靠分、合闸，分、合闸动作电压设置不能过大。因此，断路器分、合闸动作电压必须处于一个合理的电压范围内。

Q/GDW 168—2013《输变电设备状态检修试验规程》对此测试项目做出了规定，该项目的试验周期为 4 年，要求并联合闸脱扣器在合闸装置额定电源电压的 85%～110% 范围内，应可靠动作；并联分闸脱扣器在分闸装置额定电源电压的 65%～110%（直流）或 85%～110%（交流）范围内，应可靠动作；当电源电压低于额定电压的 30% 时，脱扣器不应脱扣。

因此，通过在断路器分、合闸回路两端试加试验电压的方法，可以测试出断路器最低动作电压。

≫【技能要领】

一、分、合闸动作电压试验前准备

（1）详细了解设备的运行情况，据此制定相应的安全措施和技术措施。

（2）准备与分、合闸动作电压试验对应的标准化作业执行卡，整理历史测试数据，准备待试验断路器二次回路相关图纸。

（3）准备分、合闸动作电压试验所使用的仪器仪表以及相关安全工器

具，分、合闸动作电压试验使用的仪器为断路器特性测试仪，断路器特性测试仪操作电源输出电压范围应满足 20～230V，误差不超过 1％，电压值连续可调，升压步长可调，具备手动和自动升压功能，测试时长可选；同时为满足断路器储能及解除闭锁的需求，对于储能及闭锁回路为直流的断路器还需准备一套直流电源。

（4）检查环境、人员、仪器满足测试条件。

（5）环境温度不宜低于 5℃，环境相对湿度不大于 80％，现场区域满足测试安全距离要求，待试断路器处于停电检修状态，断路器的控制电源已完全断开。

（6）现场具备安全可靠的独立检测电源，禁止从运行设备上接取检测电源。

（7）按照安全生产管理规定办理工作许可手续。

二、分、合闸动作电压试验的操作及数据分析

1. 试验接线

测试断路器分、合闸动作电压使用断路器特性测试仪，测试前先将仪器可靠接地，将仪器分、合闸控制电源输出端接至航空插上对应插针控制断路器开断。插针上对应端子需通过厂家提供的二次回路图纸进行确认，以 ABB 公司 VD4 型断路器为例，图纸如图 5-3 所示。

如图 5-3 所示，端子 4、14 为合闸回路，端子 30、31 为分闸回路，端子 25、35 为储能回路，端子 10、20 为闭锁回路。

注意，进行断路器合闸测试时弹簧要处于储能状态，且需要在闭锁回路上通入电压，断路器才可动作，测试接线如图 5-4 所示。

2. 试验步骤

（1）测试前确认断路器处于试验位置且二次插头已取下。

（2）对被试设备进行放电，并正确记录现场温湿度以及设备铭牌信息，重点关注断路器控制电压、储能电压及闭锁回路电压情况。

（3）查阅断路器二次图纸，明确分、合闸回路、储能回路以及闭锁回路在航空插上所对应的端子号，在每次测试前均需用万用表对分、

图 5-5　开关柜内断路器分、

合闸动作电压测试接线图

合闸回路进行测试以确认回路是否导通。

（4）合闸动作电压测试：先将测试仪器可靠接地，再按照图 5-5 所示完成接线，以 ABB 公司 VD4 型断路器为例，合闸控制输出端接至端子 4、14，直流源设置为 110V 电压并接至闭锁回路端子 10、20，试验前保证断路器处于储能状态，操作断路器特性测试仪，选择低合测试，将初始电压调整至稍低于额定动作电压的 30%，例如对额定动作电压为 110V 的断路器，初始电压设置为 30V，选择适当的步进电压，逐次测试直至断路器合闸。

（5）分闸动作电压测试：先将测试仪器可靠接地，再按照图 5-4 所示完成接线，以 ABB 公司 VD4 型断路器为例，分闸控制输出端接至端子 30、31，操作断路器特性测试仪，选择低分测试，将初始电压调整至稍低于额定动作电压的 30%，例如对额定动作电压为 110V 的断路器，初始电压设置为 30V，选择适当的步进电压，逐次测试直至断路器分闸。

（6）测试完毕，记录并打印测试数据。

（7）关闭检测电源，拆除试验测试线，并将被试断路器恢复至测试前状态。

3. 注意事项

（1）测试前要确认断路器已处于试验位置且二次插头已取下。

（2）应确保操作人员及测试仪器与电力设备的高压部分保持足够的安全距离。

（3）测试前，应将设备外壳可靠接地后进行其他接线。

（4）测试前必须认真检查测试接线，尤其是接入断路器的分、合闸控制电源、储能电源、闭锁电源等，接入位置应正确无误，电压等级应与铭牌显示一致，仪器分、合控制与控制线上的分、合输出端一致。

（5）测试时测试端夹子必须接触良好，航空插上各端子临近距离较小，测试过程中需采取防止控制电源加压端夹子触碰至航空插其他端子的措施，必要时利用绝缘胶布对其进行绝缘包扎。

（6）注意在合闸测试时需要断路器处于分闸位置，断路器已储能，闭锁回路需通电，分闸测试时断路器需处于合闸状态，在接通控制电源前，先用万用表分别再次确认下分、合闸回路是否导通，电阻应和线圈直流电阻接近（部分断路器回路中串有整流模块，可能无法测出电阻，出现此种情况需进一步和二次图纸进行比对，必要时可咨询厂家技术人员）。

（7）避免拆接短路器二次接线，因测试需要断开设备接头时，拆前应做好标记，接后应进行检查。

（8）断路器机械特性测试仪加至分、合闸回路的控制电源脉宽不能过宽，长时间直流输出可能会烧毁断路器分、合闸线圈，若需多次测试以验证动作电压，测试过程中需关注分、合闸线圈发热情况，防止多次测试过程中烧损分、合闸线圈。

（9）测试前，应通知有关人员离开被试设备，并取得测试负责人许可，方可开机测试，测试过程中应有人监护并呼唱，断路器处禁止进行其他工作。

（10）试验结束后，试验人员应拆除自装的测试线，并对被试品进行检查，恢复至试验前的状态，经试验负责人复查无误后，进行现场清理。

4. 试验数据分析和处理

（1）Q/GDW 168—2013《输变电设备状态检修试验规程》要求并联合闸脱扣器在合闸装置额定电源电压的 85%～110% 内应可靠动作；并联分闸脱扣器在分闸装置额定电源电压的 65%～110%（直流）或 85%～110%（交流）内应可靠动作；当电源电压低于额定电压的 30% 时，脱扣器不应脱扣；因此，断路器最低合闸电压应居于额定电源电压的 30%～85% 内，最低分闸电压应居于额定电源电压的 30%～65%（直流）或 30%～85%（交流）内。

（2）当测试数据不满足要求时，应首先检查接线情况、参数设置、仪器状况等是否符合测试要求。

（3）分、合闸电磁铁动作电压不满足规范要求，宜检查动、静铁芯之间的距离，检查电磁铁芯是否灵活，有无卡涩情况，或者通过调整分、合闸电磁铁与动铁芯间隙的大小来调整动作电压，缩短间隙，动作电压升高，反之降低；当调整了间隙后，应进行断路器分、合闸时间测试，防止间隙调整影响机械特性。

（4）检测工作完成后，应在 15 个工作日内完成试验报告整理及录入，报告格式见附录 A、附录 B。

任务六　主回路绝缘电阻及交流耐压试验

≫【任务描述】

本任务主要讲解开关柜中断路器主回路绝缘试验相关知识，包括主回路绝缘电阻及交流耐压试验。通过对开关柜中断路器主回路绝缘试验的概述，使读者熟悉开关柜中断路器主回路绝缘电阻及交流耐压试验的目的、接线和步骤，高压试验中的安全注意事项，掌握开关柜中断路器主回路绝缘试验数据的分析及异常的处理。

≫【知识要点】

断路器主回路绝缘电阻试验主要包括断路器各相整体对地绝缘电阻、各相断口间绝缘电阻以及各相相间绝缘电阻，绝缘电阻试验能反映各部分绝缘件整体受潮、脏污、严重老化等分布性缺陷和贯通性的集中性缺陷。当绝缘材料受热或受潮时，会引起绝缘材料老化，导致绝缘性能降低，从而引起断路器运行过程中击穿或闪络事件的发生。因此，需按周期对断路器主回路的绝缘电阻进行测试，以判断其绝缘性能是否能满足设备正常运行需要。Q/GDW 168—2013《输变电设备状态检修试验规程》规定开关柜内断路器主回路绝缘电阻试验周期为 4 年。

　　断路器主回路交流耐压试验主要包括断路器各相整体对地、各相断口间以及各相相间交流耐压试验，在进行工频交流耐压试验时，施加在断路器各部位上电压的波形、频率以及电压在绝缘内部的分布均与实际运行情况较为接近。由于施加电压幅值更高，能够更直接的考察断路器内部绝缘状况，及时发现断路器内部绝缘存在的隐患和缺陷。因此，在断路器交接试验、断路器机构调整后以及对断路器绝缘状况有所怀疑时均需对断路器主回路进行交流耐压试验。

≫【技能要领】

一、主回路绝缘电阻及交流耐压试验前准备

　　（1）详细了解设备的运行情况，据此制定相应的安全措施和技术措施。

　　（2）准备与该绝缘电阻对应的标准化作业执行卡，整理历史测试数据。

　　（3）准备该试验所使用的仪器仪表以及相关安全工器具，本项目中绝缘电阻测试使用的仪器为绝缘电阻表，绝缘电阻表可分为手摇式绝缘电阻表和数字式绝缘电阻表，按照相关规程的规定来选择适当输出电压的绝缘电阻表，绝缘电阻表的精度不应小于 1.5%。

　　（4）断路器主回路交流耐压试验所用设备为交流耐压成套试验装置，包括试验变压器、调压设备、过流保护装置、电压/电流测量装置及控制装置等，根据被试品的试验电压，选用具有合适电压的试验变压器。试验电压较高时，可采用多级串接式试验变压器，并检查试验变压器所需低压侧电压及容量是否与现场电源电压、调压器相配。

　　（5）检查环境、人员、仪器满足测试条件。

　　（6）环境温度不宜低于 5℃，环境相对湿度不大于 80%，现场区域满足测试安全距离要求，待试断路器处于停电检修状态，断路器的控制电源已完全断开。

　　（7）现场具备安全可靠的独立检测电源，禁止从运行设备上接取检测电源。

　　（8）按照安全生产管理规定办理工作许可手续。

二、主回路绝缘电阻及交流耐压试验的操作及数据分析

1. 试验接线

测试断路器断口间绝缘电阻时，使断路器处于分闸状态，将三相上触头或者下触头短接接地，绝缘电阻表的接线端子"L"分别接于断路器 A、B、C 三相另一侧触头上，接地端子"E"接于被试断路器的外壳或接地点上，试验接线如图 5-6 所示。

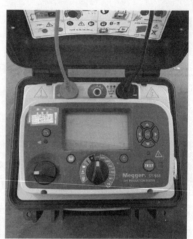

图 5-6　断路器断口间绝缘电阻试验接线图

试验电压选取 2500V 档位，待绝缘电阻表到达额定输出电压且读数稳定或加压至 60s 时，分别读取三相断口间绝缘电阻值。规程要求绝缘电阻值不小于 3000MΩ，且无显著下降。

测试断路器整体对地的绝缘电阻时，与测试端口间绝缘电阻类似，使断路器处于合闸状态，断路器本体可靠接地，将三相短接，绝缘电阻表的接线端子"L"接于断路器 A、B、C 三相触头上，接地端子"E"接于被试断路器的外壳或接地点上。

试验电压选取 2500V 档位，待绝缘电阻表到达额定输出电压且读数稳定或加压至 60s 时，分别读取三相绝缘电阻值。规程要求绝缘电阻值不小于 3000MΩ，且无显著下降。

　　测试断路器相间绝缘电阻时，使断路器处于合闸状态，断路器本体可靠接地，绝缘电阻表的接线端子"L"接于断路器测试相的触头上，另两相短接接地，接地端子"E"接于被试断路器的外壳或接地点上，试验接线如图5-7所示。

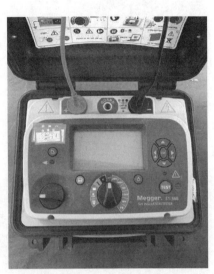

图 5-7　断路器相间绝缘电阻试验接线图

　　试验电压选取 2500V 档位，待绝缘电阻表到达额定输出电压且读数稳定或加压至 60s 时，分别读取各相对其他两相的绝缘电阻值。规程要求绝缘电阻值不小于 3000MΩ，且无显著下降。

　　对断路器整体进行交流耐压试验时，使断路器处于合闸状态，断路器本体可靠接地，将断路器一端触头三相短接后接至试验变压器的高压端，试验接线如图5-8所示。

　　对断路器相间进行交流耐压试验时，使断路器处于合闸状态，断路器本体可靠接地，将断路器测试相的触头接至试验变压器的高压端，另两相短接接地，试验接线如图5-9所示。

　　对断路器断口间进行交流耐压试验时，使断路器处于分闸状态，断路器本体可靠接地，将三相上触头或者下触头短接接地，另一侧三相触头短接后接至试验变压器的高压端，试验接线如图5-10所示。

图 5-8　断路器整体交流耐压试验接线图

图 5-9　断路器相间交流耐压试验接线图

图 5-10　断路器断口间交流耐压试验接线图

2. 试验步骤

（1）测试前确认断路器处于试验位置且二次插头已取下。

（2）对被试设备进行放电，并正确记录现场温、湿度以及设备铭牌信息。

（3）因本试验需施加高压，试验前将试验区域设置封闭的安全围栏并做好监护。

（4）测试主回路绝缘电阻时，将测试仪器可靠接地（本文中所使用的绝缘电阻表外壳为全绝缘结构，可不进行接地），再分别按照图 5-6、图 5-7 所示完成接线，完成相关测试（后面详细叙述绝缘电阻测试仪上的操作）。

（5）进行主回路交流耐压试验时，先按照项目二任务四中介绍方法完成交流耐压设备准备，再分别按照图 5-8 至图 5-10 所示完成接线，完成相关测试（后面详细叙述试验变压器上的操作）。

（6）每项测试完毕后，对加压位置充分放电并记录测试数据。

（7）关闭检测电源，放电、接地，拆除试验测试线，并将被试断路器恢复至测试前状态。

3. 注意事项

（1）测试前要确认断路器已处于试验位置且二次插头已取下。

（2）应确保操作人员及测试仪器与电力设备的高压部分保持足够的安全距离。

（3）测试前，应将设备外壳可靠接地后进行其他接线。

（4）因交流耐压试验需施加高压，测试前需设置安全围栏并做好监护。

（5）高压引线应尽量缩短，并采用专用的高压试验线，必要时用绝缘物支挂牢固。

（6）测试完毕及测试过程中更改接线时需充分放电并保证加压端可靠接地，放电及更改接线时需戴绝缘手套。

（7）绝缘电阻测量前，需先对绝缘电阻表进行检查，首先，将绝缘电阻表接地，将整流电源型绝缘电阻表或摇动发电机型绝缘电阻表在低速旋转时，用导线瞬间短接"L"端和"E"端子，其指示应为零。开路时，接通电源或者绝缘电阻表在额定转速时其指示应为正无穷。绝缘电阻表的高压端接上屏蔽连接线，连接线的另一端悬空（不接试品），再次接通电源或驱动绝缘电阻表，绝缘电阻表的指示应无明显差异。

（8）绝缘电阻测量时，绝缘电阻表的接线端子"L"接于被试设备的高压导体上，接地端子"E"接于被试设备的外壳或接地点上，若需用屏蔽减少表面泄漏的影响，屏蔽端子"G"接于设备的屏蔽环上，以消除表面泄漏电流的影响。被试品上的屏蔽环应接在接近加压的高压端而远离接地部分，减少屏蔽对地的表面泄漏，以免造成绝缘电阻表过负荷。

（9）测试时加压端必须接触良好，短接线、接地线连接可靠。

（10）交流耐压试验时升压必须从零（或接近于零）开始，切不可冲击合闸。

（11）交流耐压试验时升压速度在75%试验电压以前，可以是任意的，

119

自 75%电压开始应均匀升压，均为每秒 2%试验电压的速率升压。

（12）测试人员在加压过程中需站在绝缘垫上，耐压结束后迅速均匀降压到零（或接近于零），然后切断电源，充分放电并将地线挂至升压设备的高压端后再行更改或者拆除试验接线。

（13）试验现场出现明显异常情况时（如异响、测试电压波动、测试系统接地等），应立即停止试验工作，查明异常原因。

（14）开始加压前，应通知有关人员离开被试设备，取得测试负责人许可后方可加压，测试过程中应有人监护并呼唱，断路器处禁止进行其他工作。

（15）试验结束后，试验人员应拆除自装的测试线，并对被试品进行检查，恢复至试验前的状态，经试验负责人复查无误后，进行现场清理。

4. 试验数据分析和处理

（1）绝缘电阻测试试验电压选取 2500V 档位，待绝缘电阻表到达额定输出电压且读数稳定或加压至 60s 时，分别读取各次测试绝缘电阻值，规程要求绝缘电阻值不小于 3000MΩ，且与历史数据相比无显著下降，若有对断路器进行交流耐压试验，在耐压试验前后均应进行此任务，且要求耐压后绝缘电阻值无明显下降。

（2）由于温度、湿度、脏污等条件对绝缘电阻的影响很明显，因此当测试数据偏低时不能简单的认为绝缘存在问题，应排除这些因素的影响，特别应考虑温度的影响。温度的换算可参考式（5-1）：

（3）当测试数据不满足要求时，应首先检查接线情况、参数设置、仪器状况等是否符合测试要求。

（4）如试验中如无破坏性放电发生，耐压试验结束后，要按照上述绝缘电阻测试方法再次测试各部位的绝缘电阻值，该值与耐压试验前测得的绝缘电阻值相比无明显变化，则认为耐压试验通过。

（5）在升压和耐压过程中，如发现电压表指示变化很大，电流表指示急剧增加，调压器往上升方向调节，电流上升、电压基本不变甚至有下降趋势，被试品冒烟、出气、焦臭、闪络、燃烧或发出击穿响声（或断续放电声），应立即停止升压，降压、停电后查明原因。这些现象如查明是绝缘部分出现的，则认为被试品交流耐压试验不合格。如确定被试品的表面闪络是由于空气湿度或表面脏污等所致，应将被试品清洁干燥处理后，再进行试验。当断路器绝缘件在试验后如出现普遍或局部发热，则认为绝缘不良，应立即处理后，再做耐压。试验中途因故失去电源，在查明原因，恢复电源后，应重新进行全时间的持续耐压试验。

（6）检测工作完成后，应在 15 个工作日内完成试验报告整理及录入，报告格式见附录 A、附录 B。

附录 A　非 GIS 断路器交接试验报告模板

断路器试验报告

工程名称：_____　试验目的：__交接__　试验日期：_____

1. 铭牌资料　　　　　　　　　　　　安装位置：_____

名称	制造厂	编号	型号	额定电压	额定电流	出厂年月

2. 试验数据

2.1 主回路接触电阻及绝缘电阻测量　　　　　　$t=\underline{32}$℃　RH=$\underline{50}$ ％

相别	接触电阻 （$\mu\Omega$）	断口间绝缘电阻 （MΩ）	相对地绝缘电阻 （MΩ）	辅助回路和控制 回路绝缘电阻（MΩ）
A				
B				
C				

2.2 工频交流耐压试验　　　　　　　　　$t=$__℃　RH=__ ％

相别	试验电压（kV）			持续时间 （min）	结果
	相对地	断口间	辅助回路和控制回路		
A					
B					
C					

2.3 操作线圈试验　　　　　　　　　　$t=$__℃　RH=__ ％

试验项目	分闸线圈	合闸线圈	额定动作电压（V）
动作电压（V）			
线圈电阻（Ω）			

2.4 动作特性试验

相别	动作时间（ms）				速度（m/s）			同期性（ms）		
	合闸	分闸 1	分闸 2	合闸弹跳时间	合闸	分闸 1	分闸 2	合闸	分闸 1	分闸 2
A										
B										
C										

2.5 操作装置试验

试验电压	分闸次数	合闸次数	结果
$1.1U_N$			正常
$0.85U_N$	—		正常
$0.65U_N$		—	正常
$0.3U_N$	可靠不分	可靠不合	正常

3. 结论

4. 试验执行标准：《电气装置安装工程电气设备交接试验标准》（GB 50150—2016）

校核者_____   试验者_____

附录 B GIS 断路器交接试验报告模板

断路器试验报告

工程名称：_____ 试验目的：__交接__ 试验日期：_____

1. 铭牌资料　　　　　　　　　　　　安装位置：_____

名称	制造厂	编号	型号	额定电压	额定电流	出厂年月

2. 试验数据

2.1 操作线圈试验　　　　　　　　　　　　$t=$ _℃　RH= _%

名称	直流电阻（Ω）			绝缘电阻（MΩ）			动作值（V）		
	A	B	C	A	B	C	A	B	C
分闸线圈1									
分闸线圈2									
合闸线圈									

2.2 动作特性试验

相别	动作时间（ms）				同期性（ms）			速度（m/s）		
	合闸	分闸1	分闸2	合分	合闸	分闸1	分闸2	合闸	分闸1	分闸2
A										
B										
C										
管理值										

2.3 主回路接触电阻及绝缘电阻测量

相别	接触电阻（$\mu\Omega$）	断口间绝缘电阻（MΩ）	相对地绝缘电阻（MΩ）	辅助回路和控制回路绝缘电阻（MΩ）
A	—			
B	—			
C	—			

2.4 操作装置试验

试验电压	分闸次数	合闸次数	重合次数	结果
$1.1U_N$			—	正常
$0.85U_N$	—		—	正常
$0.65U_N$		—	—	正常
额定电压 U_N				正常
$0.3U_N$	可靠不分	可靠不合	—	正常

2.5 局放试验

气室名称	超声波局放试验	特高频局放试验

2.6 工频交流耐压试验　　　　　$t=$ ＿ ℃　RH＝ ＿ ％

相别	试验电压（kV）		持续时间（min）	结果
	相对地	断口间		
A				
B				
C				

3. 结论

4. 试验执行标准：《电气装置安装工程电气设备交接试验标准》（GB 50150—2016）

校核者＿＿＿＿＿＿　　　　　试验者＿＿＿＿＿＿

附录 C 断路器行程汇总

表 C-1 断路器行程汇总表

断路器厂家	型号	行程
厦门 ABB 开关有限公司	VD4	13～19mm
厦门 ABB 开关有限公司	HD4	72～84mm
厦门 ABB 开关有限公司	OHB	77～84mm
ABB	LTB145D1/B	120～124mm
ABB	LTB245E1-1P	160～163mm
ABB	LTB245E1-3P	160～163mm
ABB	HPL245B1-1P	204～212mm
ABB	HPL245B1-3P	206～214mm
杭州西门子	3AP1FG（145kV）	120.0±4.03mm
杭州西门子	3AP1FG（252kV）	158.4±5.33mm
杭州西门子	3AP1FI（252kV）	154.8±5.23mm
杭州西门子	3AQ1EE（252kV）	230.0±10.03mm
杭州西门子	3AQ1EG（252kV）	230.0±10.03mm

参 考 文 献

[1] 陈天翔，王寅仲，温定筠，海世杰. 电气试验（第三版）[M]. 北京：中国电力出版社，2016 年 1 月.

[2] 吴钧. 电气试验 [M]. 北京：中国电力出版社，2008 年 9 月.

[3] 国网宁波供电公司变电检修室. 电气试验一本通　断路器 [M]. 北京：中国电力出版社，2019 年 12 月.

[4] 国家电网公司生产技能人员职业能力培训专用教材　电气试验 [M]. 北京：中国电力出版社，2010 年 10 月.

[5] 国家电网公司生产技能人员职业能力培训通用教材　电气试验 [M]. 北京：中国电力出版社，2018 年 5 月.

[6] 李建明，朱康. 高压电气设备试验方法（第 2 版）[M]. 北京：中国电力出版社，2001 年 8 月.

[7] 邱永椿. 高压电气试验培训教材 [M]. 北京：中国电力出版社，2016 年 12 月.

[8] 职业技能鉴定指导书　职业标准　试题库：电气试验 [M]. 北京：中国电力出版社，2009 年 1 月.

[9] 电气设备故障试验诊断攻略　开关设备 [M]. 北京：中国电力出版社，2019 年 9 月.

[10] 输变电装备关键技术与应用丛书　高压开关设备 [M]. 北京：中国电力出版社，2021 年 5 月.